1

Springer-Verlag Berlin Heidelberg GmbH

Wörterbuch der Kraftübertragungselemente Band 1 · Zahnräder	D
Diccionario de elementos de transmisión Tomo 1 · Ruedas dentadas	E
Glossaire d'Organes de Transmission Volume 1 · Engrenages	F
Glossary of Transmission Elements Volume 1 · Gears	GB
Glossario degli Organi di Trasmissione Volume 1 · Ingranaggi	I
Glossarium voor Transmissie-organen Deel 1 · Tandwielen	NL
Ordbok för Transmissionselement Band 1 · Kugghjul	S
Voimansiirtoalan sanakirja Osa 1 · Hammaspyörät	SF

Eurotrans

Europäisches Komitee der Fachverbände
der Hersteller von Getrieben und Antriebselementen
Federführung bei der
Fachgemeinschaft Antriebstechnik im VDMA
Lyoner Straße 18, D-6000 Frankfurt/Main 71

CIP-Kurztitelaufnahme der Deutschen Bibliothek

Wörterbuch der Kraftübertragungselemente
Diccionario de elementos de transmisión
EUROTRANS, Europ. Komitee d. Fachverb. d.
Hersteller von Getrieben u. Antriebselementen.
Federführend bei d. Fachgemeinschaft Antriebs-
technik im VDMA
Berlin, Heidelberg, New York: Springer
NE: Europäisches Komitee der Fachverbände der
Hersteller von Getrieben und Antriebselementen; PT
Bd. 1. Zahnräder. 1982.

ISBN 978-3-642-88722-2   ISBN 978-3-642-88721-5 (eBook)
DOI 10.1007/978-3-642-88721-5

Gesamtherstellung: Graphischer Betrieb Konrad Triltsch, Würzburg
2362/3020-543210

Inhaltsverzeichnis	Vorwort 9 Einleitung 10 Wörterverzeichnis 11 Glossar 75	D
Contenido	Prólogo 19 Introducción 21 Indice alfabético 22 Diccionario 75	E
Table de matières	Préface 26 Introduction 28 Tableaux alphabétique 29 Glossaire 75	F
Contents	Preface 33 Introduction 35 Index 36 Glossary 75	GB
Indice	Prefazione 41 Introduzione 43 Indice alfabetico 44 Glossario 75	I
Inhoud	Voorword 50 Inleiding 52 Trefwoordenlijst 53 Glossarium 75	NL
Innehållsförtecking	Förord 58 Inledning 60 Alfabetisk ordlista 61 Ordbok 75	S
Sisällysluettelo	Esipuhe 66 Johdanto 68 Termien aakkosellinen hakemisto 69 Sanasto 75	SF

D	Band	1	Zahnräder
		2	Zahnradgetriebe
		3	Stufenlos einstellbare Getriebe
		4	Zahnradfertigung und -kontrolle
		5	Kupplungen
E	Tomo	1	Ruedas dentadas
		2	Reductores de engranajes
		3	Variadores de velocidad
		4	Fabricación de engranages y verificación
		5	Acoplamientos y embragues
F	Volume	1	Engrenages
		2	Ensembles montés à base d'engrenages
		3	Variateurs de vitesse
		4	Fabrication d'engrenages et contrôle
		5	Accouplements et embrayages
GB	Volume	1	Gears
		2	Gear Units
		3	Speed Variators
		4	Gear Manufacture and Testing
		5	Couplings and Clutches
I	Volume	1	Ingranaggi
		2	Riduttori ad ingranaggi
		3	Variatori di velocità
		4	Fabbricazione degli ingranaggi e loro controllo
		5	Giunti (accoppiamenti)
NL	Deel	1	Tandwielen
		2	Tandwielkasten
		3	Regelbare aandrijvingen (variatoren)
		4	Tandwielfabrikage en kwaliteitskontrole
		5	Koppelingen
S	Band	1	Kugghjul
		2	Kuggväxlar
		3	Steglöst inställbara växlar
		4	Produktion och kontroll av kugghjul
		5	Kopplingar
SF	Osa	1	Hammaspyörät
		2	Hammasvaihteet
		3	Portaattomasti säädettävät vaihteet
		4	Hammaspyörien valmistus ja tarkastus
		5	Kytkimet

D

Vorwort

Die europäischen Fachverbände der Hersteller von Getrieben und Antriebselementen haben 1967 unter dem Namen „Europäisches Komitee der Fachverbände der Hersteller von Getrieben und Antriebselementen", kurz EUROTRANS, ein Komitee gegründet. Die Ziele dieses Komitees sind:

a) die gemeinsamen wirtschaftlichen und technischen Fachprobleme zu studieren,
b) ihre gemeinschaftlichen Interessen gegenüber internationalen Organisationen zu vertreten,
c) das Fachgebiet auf internationaler Ebene zu fördern.

Das Komitee stellt einen Verband ohne Rechtspersönlichkeit und ohne Erwerbszweck dar.

Die Mitgliedsverbände von EUROTRANS sind:

Fachgemeinschaft Antriebstechnik im VDMA
Lyoner Straße 18, D-6000 Frankfurt/Main 71,

Servicio Tecnico Comercial de Constructores de Bienes de Equipo (SERCOBE) –
Grupo de Transmision Mecanica
Jorge Juan, 47, E-Madrid-1,

SYNECOT – Syndicat National des Fabricants d'Engrenages et Constructeurs d'Organes de Transmission
9, rue des Celtes, F-95100 Argenteuil,

FABRIMETAL – groep 11/1 "Tandwielen, transmissie-organen" Lakenweversstraat 21, B-1050 Brussel,

BGMA – British Gear Manufacturers Association
301 Glossop Road, GB-Sheffield S 102 HN,

ASSIOT – Associazione Italiana Costruttori Organi di Trasmissione e Ingranaggi
Via Moscova 46/5, I-20121 Milano,

FME – Federatie Metaal – en Electrotechnische Industrie
NL-2700 AD Zoetermeer, Postbus 190,

Sveriges Mekanförbund
Storgatan 19, S-11485 Stockholm,

Suomen Metalliteollisuuden Keskusliitto Voimansiirtoryhmä
Eteläranta 10, SF-00130 Helsinki 13.

EUROTRANS ist mit dieser Veröffentlichung in der glücklichen Lage, den ersten Band eines fünfbändigen Wörterbuches in acht Sprachen (Deutsch, Spanisch, Französisch, Englisch, Italienisch, Niederländisch, Schwedisch und Finnisch) über Zahnräder, Getriebe und Antriebselemente vorzulegen.

Der erste Band dieses Wörterbuches wurde von einer EUROTRANS-Arbeitsgruppe unter Mitarbeit von Ingenieuren und Übersetzern aus Deutschland, Spanien, Frankreich, England, Italien, den Niederlanden, Schweden und Finnland unter Leitung von M. G. Henriot ausgearbeitet. Es soll den wechselseitigen internationalen Informationsaustausch auf dem Gebiet der Zahnräder erleichtern und den Leuten vom Fach, die sich in aller Herren Länder mit ähnlichen Aufgaben befassen, die Möglichkeit bieten, einander besser zu verstehen und besser kennenzulernen.

Einleitung

Das vorliegende Werk umfaßt:

acht einsprachige alphabetische Register einschließlich Synonyme in den Sprachen Deutsch, Spanisch, Französisch, Englisch, Italienisch, Niederländisch, Schwedisch und Finnisch;

ein achtsprachiges Glossar in denselben acht Sprachen, dem der Nummernschlüssel der ISO-Empfehlung R 1122 vom Oktober 1969 und seinem 2. Zusatz vom September 1972 zugrunde liegt.

Im Glossar findet man hinter der Abbildung die Normbegriffe in den 8 Sprachen. Jede Rubrik beginnt mit einer Kenn-Nummer.

Sucht man zu einem Stichwort, das in einer der acht Sprachen des Wörterbuches gegeben ist, die Übersetzung in eine der sieben anderen Sprachen, so braucht man nur die Kenn-Nummer des Stichwortes im betreffenden Register festzustellen und findet unter dieser Nummer die Übersetzung im Glossar.

Dieselbe Verfahrensweise gilt für Synonyme, die mit einem* gekennzeichnet sind. Hat ein Wort im alphabetischen Register mehrere Nummern, so ist es je nach dem Sinnzusammenhang verschieden zu übersetzen.

Beispiel: „Breitenballigkeit"

Suchen Sie im deutschen Register das Wort auf. Hinter dem Wort finden sie die Nr. 1316.

Suchen Sie nun im Glossar die Nr. 1316 auf. Hinter der Abbildung finden Sie die Normbegriffe in

Deutsch	– Breitenballigkeit
Spanisch	– Bombeado
Französisch	– Bombé longitudinal
Englisch	– Barreling
Italienisch	– Bombatura trasversale
Holländisch	– Breedtewelving
Schwedisch	– Bombering
Finnisch	– Tynnyrimäisyys

Alphabetisches Wörterverzeichnis einschließlich Synonyme

Synonyme = *

Abgangseingriff*	2244	Außenradpaar	1225
Abroll ...*	1144	Außenstirnrad*	1223
Abrollfläche*	1141	Außenverzahntes Rad*	1223
Abstand von Sehne zum Kopfkreis*	2162	Außenzylinder	4314
Abwälz ...*	1144	Außenzylinder*	2113
Abwälzfläche*	1141	Austrittseingriff	2244
Abwälzfräser*	2193	Austritt-Eingriffsstrecke	2246
Abwälzkreis*	2115.1	Axiale Teilung*	2129
Abwälzkreis-Durchmesser*	2116.1	Axialmodul	4224
Abwälzzylinder-Flankenlinie*	2122	Axialprofil	1236, 4221
Achsabrückungsfaktor*	2256	Axialschnittprofil*	4221
Achsabstand	1117	Axialteilung	2129, 4223
Achsenabstand*	1117		
Achsenversatz*	1117.1		
Achsenversetzung*	1117.1	Berührungsaustritt Eingriffsstrecke*	2246
Achsenwinkel	1118	Berührungseintritt*	2245
Achslinie*	2221	Berührungs-Flanke*	1252
Achsmodul*	4224	Berührungslinie*	1431
Achsprofil*	1236	Berührungspunkt auf der Eingriffs-	
Achsschnittprofil*	4221	strecke*	2231.1
Achsteilung*	2129	Berührung während des Austritts	
Achsversatz	1117.1	aus dem Eingriff*	2244
Achsverschiebungsfaktor*	2256	Berührung während des Eintritts	
Achswinkel*	1118	in den Eingriff*	2243
Äquistantes Punktrad*	2173	Betriebsmodul*	1214.3
Äußerer Ergänzungskegel*	3115	-(Bezugs ...*	1143
Äußerer Kopfkreisabstand*	3135	Bezugsdurchmesser*	4324
Äußerer Rückenkegel*	3115	Bezugsebene*	2184
Äußerer Spiralwinkel	3176.1	Bezugsfläche*	1142
Äußere Teilkegellänge	3132	Bezugskegel*	3111
Äußere Zahnhöhe am Kegelrad*	3141	Bezugskegelspitze*	3112
Äußere Zahntiefe am Kegelrad*	3141	Bezugskegelwinkel*	3121
Aktive Flanke	1252	Bezugskreis*	2115
Angetriebenes Rad*	1125	Bezugskreis am Kegelrad*	3123
Anlagefläche am Kegelrad	3133	Bezugskreis des Schneckenrades*	4317
Antriebsrad*	1124	Bezugskreisdurchmesser*	2116
Arbeitsflanken	1245	Bezugslinie*	2185
Aufradlinie*	1416	Bezugsrad*	3171
Auslaufeingriff*	2244	Bezugsprofil	2181
Auslauf-Eingriffsstrecke*	2246	Bezugsrad mit konstanter Zahn-	
Außendurchmesser	4321	höhe*	3172
Außendurchmesser*	3127	Bezugs-Stirnfläche am Kegelrad*	3133
Außen-Geradstirnradpaar*	1225	Bezugs-Zahnstange	2182
Außengetriebe*	1225	Bezugszylinder*	2111
Außenkegel*	3114	Bezugszylinder-Flankenlinie*	2121
Außenkegelwinkel*	2125	Bogenverzahnung	1268
Außenkreis*	2117	Bogenzahnrad*	1263
Außenkreis-Durchmesser*	2118	Bombierte Zahnflanke am Fuß*	1314.1
Außenrad	1223	Bombierte Zahnflanke am Kopf*	1314

Breitenballigkeit 1316
Breitenbombierung (allmählich)* 1316
Breitenwinkel* 4327

Circular Pitch 1214.4

Diametral Pitch 1214.3
Diametral Pitch des Werkzeuges 2197
Diametral Pitch am Normalschnitt 2155
Diametral Pitch im Stirnschnitt 2146
Dicke der Verzahnung* 4326
Dicke des Schneckenrades* 4326
Doppelschrägverzahnung 1266
Doppelschrägzahnrad* 1266
Doppelwinkelzahnrad* 1267
Drehfläche* 1141
Drehrichtungsänderungsrad* 1125.1
Drehzahlverhältnis* 1132
Durchmesser des Fußkreises* 4323
Durchmesser-Teilung (mm)* 1214
Durchmesser-Teilung (inch)* 1214.3

Ebene Evolvente* 1418
Effektiver Breitenwinkel 4327
Effektive Zahnbreite 2119.1, 4326
Effektive Zahnbreite am Kegelrad 3131.1
Einbauabstand am Kegelrad* 3134
Einbaumaß eines Kegelrades 3134
Einfaches Kegelradgetriebe* 1115
Einfaches Zahnradgetriebe* 1112
Eingriffsbogen* 2235.1
Eingriffsdauer* 2238
Eingriffsfeld* 2241
Eingriffsfläche* 2241
Eingriffsebene 2241
Eingriffslänge* 2242
Eingriffslinie 2232
Eingriffslinie* 2231
Eingriffspunkt 2231.1
Eingriffsstörung 1312
Eingriffsstrecke 2242
Eingriffsstrecke* 2245
Eingriffsteilung* 2178.1
Eingriffswinkel* 2142
Eingriffswinkel am Normalschnitt 2152
Eingriffswinkel im Stirnschnitt* 2142
Einlaufeingriff* 2243
Einlauf-Eingriffsstrecke* 2245
Einstellmaß am Höhenschieber der
   Zahndickenlehre* 2164
Einstellwinkel des Werkzeuges
   (am Planrad-Zahnkopf)* 3191
Eintritteingriff 2243

Eintritt-Eingriffsstrecke 2245
Elliptische Stirnräder 1259
Endrücknahme 1317
Entstehungskreis* 2175, 4112
Epitrochoide* 1416
Epizykloide 1416
Epizykloidgetriebe* 1119
Ergänzungskegel* 3115
Ergänzungszähnezahl* 3119.1
Erhöhung* 1211
Erhöhungsgetriebe* 1134
Ersatzstirnrad* 3119
Erzeugendes Rad 1311
Erzeugungskreis des Torus 4112
Erzeugungsrad* 1311
Erzeugungs-Zahnstange 2183
Evolvente* 1418
Evolventenfunktion 1418.1
Evolventen-Geradstirnradpaar 2213
Evolventen-Geradzylinderradpaar* 2213
Evolventen-Kegelrad* 3175
Evolventen-Kegelschraubenfläche* 1422
Evolventenkurve* 1418
Evolventenschraubenfläche 1421
Evolventen-Stirnrad 2174
Evolventen-Zahnrad* 2174
Evolventen-Zylinderrad* 2174
Evolventen-Zylinderschraubenfläche* 1421

Fadenlinie* 1418
Fellowsrad* 2192
Fellowswerkzeug* 2192
Fläche der Kehlung auf Außen-
   zylinder* 4315
Fläche der Kehlung auf Fußzylinder* 4316
Fläche der Kehlung auf Kopfzylinder* 4315
Fläche der Kehlung auf Teilzylinder* 4312
Flankenform A (ZA-Schnecke) 4231
Flankenform I (ZI-Schnecke) 4234
Flankenform K (ZK-Schnecke) 4233
Flankenform N (ZN-Schnecke) 4232
Flankenlinie 1232
Flankenlinie auf dem Grundzylinder* 2123
Flankenprofil 1233.1
Flankenprofil* 2181
Flankenprofil am Rückenkegel* 3118
Flankenrücknahme* 1317
Flankenrücknahme am Zahnende* 1317
Formzahl 4226
Freischnitt am Zahnfuß* 1315
Fußausrundungsfläche* 1254
Fußfläche* 1222.1
Fußflanke 1251.1
Fußflankeneingriffsfläche* 2245
Fußfreischnitt 1315

Fußhöhe 2133, 4229
Fußhöhe (bezogen auf den
  Mittenkreis) 4344
Fußhöhe am Kegelrad 3144
Fußkegel 3114.1
Fußkegelwinkel 3125.1
Fußkehlfläche 4316
Fußkreis 2117.1, 4319
Fußkreis am Kegelrad 3126.1
Fußkreisdurchmesser 2118.1, 4323
Fußkreisdurchmesser am Kegelrad 3127.1
Fußmantelfläche 1222
Fußrücknahme 1314.1
Fußrundungsfläche 1254
Fußwinkel 3145
Fußzylinder 2113.1

Ganghöhe* 1412
Gangrichtung 1413.1
Gangzahl 4211.1
Gegenflanken 1241
Gegengerichtete Flanken 1244
Gegenrad 1121
Gemeine Zykloide* 1415
Gemeinsame Zahndicke für Rad und
  Gegenrad* 2163
Gemeinsame Zahnhöhe 2222, 4412
Genormter Modul* 1214.1
Geradkegelrad 1262
Geradkegelradpaar* 1262
Geradstirnpaar mit Evolventen-
  verzahnung* 2213
Geradstirnrad 1261
Geradstirnradpaar* 1261
Geradstirnradgetriebe mit
  Evolventenverzahnung* 2213
Geradzahn-Kegelrad* 1262
Geradzylinderrad* 1261
Geradzylinderradpaar* 1261
Gesamtüberdeckung 2237
Gesamt-Überdeckungsgrad* 2234, 2237
Gesamtüberdeckungs-Wälzkreis-
  bogen 2234.1
Gesamt-Überdeckungswinkel 2234
Getriebekette* 1113
Getriebe mit achsversetzten Kegel-
  rädern* 1116
Getriebe mit Triebstock-
  verzahnung* 2173.1
Getriebe mit Übersetzung
  ins Langsame* 1133
Getriebe mit Übersetzung
  ins Schnelle* 1134
Getriebenes Rad 1125
Getriebe mit Zykloidenverzahnung* 2172.1

Getriebezug 1113
Getriebezug mit Übersetzung
  ins Langsame* 1133
Getriebezug mit Übersetzung
  ins Schnelle* 1134
Gewollter Unterschnitt* 1315
Gleichgerichtete Flanken 1243
Gleichwertiges Wälzgetriebe* 4421
Globoidschnecke 1325.2, 4124
Globoidschneckengetriebe* 4126
Globoidschnecken-Radsatz 4126
Globoidschneckenrad 1326.1, 4125
Großrad 1123
Grund der Zahnlücke* 1222.1
Grundflankenlinie* 2123
Grundkreis 2175
Grundkreisdurchmesser 2177
Grundkreisteilung* 2178
Grundkreisteilung im Normalschnitt* 2178.1
Grundkreis-Zahndicke* 2179
Grundkreiszylinder* 2123, 2176
Grundschrägungswinkel 2125
Grundsteigungswinkel 2127
Grundteilung im Normalschnitt* 2178.1
Grundteilung im Stirnschnitt* 2178
Grundzahndicke im Normalschnitt* 2179.1
Grundzahndicke im Stirnschnitt* 2179
Grundzylinder 2176
Grundzylinder-Flankenlinie 2123
Grundzylinder-Normalteilung 2178.1
Grundzylinder-Schrägungswinkel* 2125
Grundzylinder-Steigungswinkel* 2127
Grundzylinder-Stirnteilung 2178

Halber Zahndickenwinkel* 3158
Halber Zahnlückenwinkel* 3159
Halbmesser der Kehlung
  am Kopfzylinder 4328
Hobelkamm 2191
Höhe des Zahnes* 2131
Höhenballigkeit am Fuß* 1314.1
Höhenballigkeit am Kopf* 1314
Höhenballigkeit der Zähne* 1314.2
Höhe über der konstanten Sehne 2164
Höhe über der Sehne 2162
Höhe über Teilkreis* 2132
Hohlrad 1224
Hohlrad eines Planetengetriebes 1127
Hüllkreisradius 3174
Hypoidgetriebe* 1328
Hypoidrad 1329
Hypoidradpaar 1328
Hypoidradpaar* 1116
Hypoidradsatz* 1328
Hypoidritzel 1330

Hypoid-Zahnradpaar* 1328
Hypoid-Zahnradtrieb* 1328
Hypotrochoide* 1417
Hypozykloide 1417

Innengetriebe* 1226
Innenrad* 1126, 1224
Innenradlinie* 1417
Innenradpaar 1226
Innenstirnrad* 1224
Innenverzahntes Rad* 1124
Innenzahnradpaar* 1226
Innenzahnradsatz* 1226
Innenzykloide* 1417
Innerer Ergänzungskegel 3116
Innerer Kreis des Torus 4115
Innere Teilkegellänge 3132.1
Interferenz* 1312

Kammstahl* 2191
Kegelrad 1322
Kegelradgetriebe* 1324
Kegelrad mit Gerad-Verzahnung* 1262
Kegelrad mit gekrümmten Zähnen* 3173
Kegelrad mit Oktoidenverzahnung 3175
Kegelrad mit schrägen Zähnen* 3173
Kegelrad mit 90° Teilkreiswinkel* 3171
Kegelradpaar 1324
Kegelradpaar* 1115
Kegelradsatz* 1324
Kegelradtrieb* 1324
Kegelräder mit sich kreuzenden
    Achsen* 1116
Kegelschraubenrad (klein)* 1330
Kegelschraubenritzel* 1330
Kegelschraubgetriebe* 1328
Kegelschraubrad (groß)* 1329
Kegelschraubradpaar* 1328
Kegelschraubradsatz* 1328
Kegelzahnrad* 1322
Kegelzahnrad mit geraden Zähnen* 1262
Kehlkreis am Fuß des Schnecken-
    rades* 4319
Kehlkreis am Kopf des Schnecken-
    rades* 4318
Kettenrad 1331
Kettenritzel 1331.1
Kettenzahnrad* 1331
Kleine Außenzykloide* 1416
Kleinrad* 1122
Konstante Sehne 2163
Konstante Sehnenhöhe* 2164
Konstante Zahndickensehne* 2163
Kopffläche 1221.1, 4313

Kopfflanke 1251
Kopfflanken-Eingriffslänge* 2246
Kopfhöhe 2132, 4228
Kopfhöhe (bezogen auf den Teilkreis) 4342
Kopfhöhe am Kegelrad 3142
Kopfhöhe über der Sehne* 2162
Kopfkante 1221.2
Kopfkegel 3114
Kopfkegelwinkel 3125
Kopfkehlfläche 4315
Kopfkehlhalbmesser 4328
Kopfkreis 2117
Kopfkreisabstand eines Kegelrades 3135
Kopfkreisabstand zur Bezugsebene* 3135
Kopfkreisabstand zur Bezugs-
    Stirnfläche* 3135
Kopfkreisabstand zur Kegelspitze 3135.1
Kopfkreis am Kegelrad 3126
Kopfkreisdistanz zur Bezugs-
    Stirnfläche* 3135
Kopfkreisdurchmesser 2118
Kopfkreisdurchmesser* 4321
Kopfkreisdurchmesser am Kegelrad 3127
Kopfkreisdurchmesser im
    Mittelschnitt 4322
Kopfkreis im Mittelschnitt 4318
Kopflängskante* 1221.2
Kopfmantelfläche 1221
Kopfrücknahme 1314
Kopfspiel 2223, 4413
Kopfwinkel 3143
Kopfzylinder 2113
Kopfzylinder* 4314
Kopfzylinder-Fläche* 1221.1
Kopfzylinder-Mantelfläche* 1221
Korrigierte Kopfhöhe* 2162
Kraftübertragende Flanke* 1245
Kranzbreite 4326.1
Kreisevolvente 1418
Kreiswulst* 4111
Kreuzungsabstand der Flankenlinie* 3174
Kreuzungsebene 4311
Kreuzungswinkel der Achsen* 1118
Kritischer Biegequerschnitt* 2156.2
Kritischer Querschnitt am Zahnfuß* 2156.2
Kronenrad* 3172
Künstlicher Unterschnitt* 1315
Kugelevolvente* 1419
Kurvenverzahnung* 1268
Kurvenzahnrad* 1263

Länge der Eingriffsstrecke* 2242
Länge der Schnecke* 4215
Längenballigkeit* 1316
Längsballigkeit* 1316

D

Längskorrektur am Zahnende* 1317
Laternenrad* 2173
Laufflanke* 1245
Lauf-Modul 1214.1
Laufübersetzung* 1132
Lehrzahnrad 1111.1
Linien und Flächen am Torus 4110
Linksflanke 1242.1
Linkssteigende Verzahnung 1265
Lückenweite am Normalschnitt 2157
Lückenweite im Stirnschnitt 2148

Mantel des Außenzylinders* 4313
Mantel des Kopfzylinders* 4313
Mehrfache Radpaarung* 1113
Mehrstufiges Zahnradgetriebe* 1113
Meisterrad* 1111.1
Meisterzahnrad* 1111.1
Mittelebene des Torus 4113
Mittengerade* 2221
Mittenkehlfläche 4312
Mittenkreis 4317
Mittenkreis des Torus* 4114
Mittenkreisdurchmesser 4213, 4324
Mittenkreisteilung 4325
Mittenlinie 2221
Mittenzylinder 4212
Mittenzylinder-Schraubenlinie 4214
Mittlerer Ergänzungskegel 3116.1
Mittlerer Kreis des Torus 4114
Mittlerer Spiralwinkel 3176.2
Mittlere Teilkegellänge 3132.2
Modifiziertes Profil am Fuß* 1314.1
Modifiziertes Profil am Kopf* 1314
Modul 1214
Modul der Achsteilung* 4224
Momentan-Achse* 1431

Nicht übertragende Flanke* 1246
Normal-Diametral Pitch* 2155
Normaleingriffswinkel* 2152
Normalflankenspiel 2225
Normalgrundteilung* 2178.1
Normallückenweite* 2157
Normalmodul 2154
Normal-Pressungswinkel* 2151
Normalprofil 1235
Normalprofilwinkel* 2151
Normalspiel* 2225
Normalteilung 2153
Normalzahndicke* 2156
Normiertes Bezugsprofil* 2181
Norm-Modul 1214.2
Null-Achsabstand 2253

Null-Getriebe* 2254
Null-Rad 2188
Null-Radpaar 2251
Nutzbare Flanke 1253
Nutzbare Zahnhöhe* 2222

Offset* 1117.1
Oktoid-Kegelzahnrad* 3175
Oktoidrad* 3175
Orthozykloide* 1415

Palloid-Spiral-Kegelrad* 1268
Pfeilhöhe* 2162
Pfeilrad* 1267
Pfeilstirnrad* 1267
Pfeilverzahnung 1267
Planetengetriebe* 1119
Planeten-Getriebezug 1119
Planetenrad 1128
Planetenradträger* 1129
Planetenträger 1129
Planrad 3171
Planrad mit konstanter Zahnhöhe
   (für Stirnradritzel) 3172
Planstirnrad* 3171
Planstirnrad mit konstanter
   Zahnhöhe* 3172
Planverzahnung* 2182
Pressungswinkel am Teilkreis* 2142
Pressungswinkel im Stirnschnitt* 2141
Profil* 1233
Profilabrückung* 2186
Profilbezugsebene 2184
Profilbezugslinie 2185
Profileingriffsdauer* 2238
Profil im Achsschnitt* 4221
Profilkorrektur am Fuß* 1314.1
Profilkorrektur am Kopf* 1314
Profilmittellinie* 2185
Profilnormale im Berührpunkt 2231
Profilreferenzgerade* 2185
Profilteilgerade* 2185
Profilüberdeckung 2238
Profil-Überdeckungsgrad* 2235, 2238
Profilüberdeckungs-Wälzkreisbogen 2235.1
Profil-Überdeckungswinkel 2235
Profilverschiebung 2186
Profilverschiebungsfaktor 2187
Profilwinkel am Normalschnitt 2151
Profilwinkel im Stirnschnitt* 2141
Prüfrad* 1111.1
Prüfzahnrad* 1111.1
Pulley* 1122

Querschnitt des Zahnes* 1233

Rad* 1123
Radius der Kehlung am Kopfzylinder* 4328
Radlinie* 1415
Rad mit Außenverzahnung* 1223
Rad mit Innenverzahnung* 1224
Radpaar* 1112
Radpaare* 1113
Radpaar mit Außenverzahnung* 1225
Radpaar mit Innenverzahnung* 1226
Radpaar mit parallelen Achsen 1114
Radpaar mit Profilverschiebung 2252
Radpaar mit sich kreuzenden Achsen 1116
Radpaar mit sich schneidenden
    Achsen 1115
Radpaar mit Übersetzung ins
    Langsame 1133
Radpaar mit Übersetzung ins Schnelle 1134
Räumliche Evolvente* 1419
Rechtsflanke 1242
Rechtssteigende Verzahnung 1264
Reduktionsgetriebe* 1133
-(Referenz . . .* 1143
Referenzbezugslinie* 2185
Referenzebene* 2184
Referenzfläche* 1142
Referenzgerade* 2185
Referenzkegel* 3111
Referenzkegelspitze* 3112
Referenzkegelwinkel* 3121
Referenzkreis* 2115
Referenzkreis am Kegelrad* 3123
Referenzkreisdurchmesser* 2116
Referenzprofil* 2181
Referenzrad* 3171
Referenzrad mit konstanter
    Zahnhöhe* 3172
Referenzteilung im Stirnschnitt* 2143
Referenz-Zahnstange* 2182
Referenzzylinder* 2111
Referenzzylinder Flankenlinie* 2121
Ritzel 1122
Ritzelwelle* 1122
Rollkegel* 3113
Rollkegelwinkel* 3122
Rollkreis* 2115.1
Rollkreis-Durchmesser* 2116.1
Rollpunkt* 2233
Rollzylinder* 2112
Rollzylinder-Flankenlinie* 2122
Rückenflanke* 1246
Rückenkegel 3115
Rückflanken 1246
Rückkegel* 3115
Rückwärtige Flanke* 1246

Satellitenrad* 1128
Satzrad* 2188
Scheinbare Zähnezahl* 3119.2
Schnecke 1325
Schneckenfräser* 2193
Schneckengang* 4211
Schneckengetriebe* 1327
Schneckenlänge 4215
Schneckenrad 1326
Schneckenradpaar* 1327
Schneckenradsatz 1327, 4000
Schneckenradsatz* 1116
Schneckenradtrieb* 1327
Schneckenzahn 4211
Schneidrad 2192
Schnittlinie mit Wälzfläche* 1232
Schrägen-Überdeckung* 2239, 2247
Schrägkegelrad* 1263, 3173
Schrägkegelradpaar* 1263
Schrägstirnrad 1263
Schrägstirnradpaar 2214
Schrägstirnradpaar* 1263
Schrägungswinkel 1412
Schrägungswinkel am Teilzylinder 2124
Schrägungswinkel auf dem
    Grundzylinder* 2125
Schrägzahn-Kegelrad 3173
Schrägzahn-Stirnrad* 1263
Schrägzylinderrad* 1263
Schrägzylinderradpaar* 1263, 2214
Schraubenlinie 1411
Schraubenlinie auf Mittenzylinder* 4214
Schraubenradgetriebe* 2215
Schraubenradpaar* 2215
Schraubgetriebe* 2215
Schraubradpaar* 1116
Schulterabstand* 3134
Schulterdistanz* 3134
Schulterfläche* 3133
Sehnenmaß im Teilkreis* 2161
Seitliche Achsenverschiebung* 1117.1
Sonnenrad 1126
Sphärische Evolvente 1419
Sphärische Evolventenschrauben-
    fläche 1422
Spiralkegelrad 3173.1
Spiralkegelradpaar* 1328
Spiralverzahnung* 1268
Spiralwinkel 3176
Spiralzahnrad* 1263
Spitzenabstand zum Kegelkopfkreis* 3135.1
Spitzenabstand zur Bezugs-
    Stirnfläche* 3134
Spitzenentfernung* 3132
Spitzengrenze 2156.2
Sprung 2247

D

Sprungüberdeckung 2239
Sprung-Überdeckungsgrad* 2236
Sprung-Überdeckungswälz-
    kreisbogen 2236.1
Sprung-Überdeckungswinkel 2236
Standard-Modul* 1214.1
Steg* 1129
Steigung* 1414, 4222
Steigungshöhe 1414, 4222
Steigungsrichtung* 1413.1
Steigungswinkel 1413
Steigungswinkel am Schrägstirnrad* 2126
Steigungswinkel am Teilzylinder 2126
Steigungswinkel auf dem
    Grundzylinder* 2127
Stirn-Diameter Pitch* 2146
Stirneingriffswinkel 2142
Stirnfläche der Nabe* 3133
Stirngrundteilung* 2178
Stirngrundzahndicke* 2179
Stirnlückenweite* 2148
Stirnmodul 2145
Stirnpressungswinkel* 2141
Stirnprofil 1234
Stirnprofil am Ergänzungskegel* 3118
Stirnprofil am Rückenkegel 3118
Stirnprofilwinkel 2141
Stirnrad 1321
Stirnradgetriebe* 1323
Stirnrad mit Doppelschräg-
    verzahnung* 1266
Stirnrad mit Evolventen-Verzahnung* 2174
Stirnrad mit Geradverzahnung* 1261
Stirnrad mit schrägen Zähnen* 1263
Stirnrad mit Zykloidenverzahnung* 2172
Stirnradpaar 1323
Stirnradpaar* 1114
Stirnradsatz* 1323
Stirnradtrieb* 1323
Stirnschraubenradpaar* 2215
Stirnschraubradpaar* 2215
Stirnschraubradsatz* 2215
Stirnteilung 2143
Stirnzahndicke* 2147
Stirn-Zahnlückenweite* 2148
Stirnzahnrad mit schrägen Zähnen* 1263
Störung des Eingriffs* 1312
Stoßrad* 2192
Summe der Teilkreis-Radien* 2253
Symmetrie-Ebene* 4113

Tatsächliche Zahnbreite* 3131.1
Teil . . . 1143
Teilfläche 1142
Teilgerade* 2185

Teilkegel 3111
Teilkegellänge* 3132
Teilkegelspitze 3112
Teilkegelwinkel 3121
Teilkreis 2115
Teilkreisabstandsfaktor 2256
Teilkreis am Kegelrad 3123
Teilkreisdurchmesser 2116
Teilkreisdurchmesser am Kegelrad 3124
Teilkreisdurchmesser an Schnecken-
    rädern für Zylinderschnecken* 4324
Teilkreisdurchmesser an
    Zylinderschnecke* 4213
Teilkreis-Radiussumme* 2253
Teilkreisteilung* 2143
Teilkreisverschiebungsfaktor* 2256
Teilkreiszylinder* 2111
Teilschraubenlinie* 2121
Teilung 4220
Teilung auf dem Grundkreis im
    Stirnschnitt* 2178
Teilung auf der Teilgeraden des
    Werkzeuges* 2195
Teilung auf Mittenkreis* 4325
Teilung im Achsschnitt* 2129, 4223
Teilung im Stirnschnitt* 2143
Teilung in der Umfangsrichtung
    des Zahnes* 2143
Teilungswinkel 2144
Teilwinkel* 2144
Teilzylinder 2111
Teilzylinder an Schneckenrädern* 4212
Teilzylinder-Flankenlinie 2121
Teilzylinder-Schrägungswinkel* 2124
Teilzylinder-Steigungswinkel* 2126
Tellerrad* 1329
Tiefe der Zahnlücke unter dem
    Teilkreis* 2133
Torus 4111
Trabantenrad* 1128
Treibende Flanke* 1245
Treibendes Rad 1124
Triebling* 1124
Triebstockrad 2173
Triebstocksatz 2173.1

Überdeckung 2230
Überdeckungsgrad* 2230
Übersetzung 1132, 4411
Übersetzung ins Langsame 1135
Übersetzung ins Schnelle 1136
Übersetzungsverhältnis* 1132
Umdrehungsfläche* 1141
Umfassungswinkel 4327.1
Umkehrrad* 1125.1

Umkehrzahnrad* 1125.1
Umlaufarm* 1129
Umlaufgetriebe* 1119
Umlauf-Getriebezug* 1119
Umlaufrad* 1128
Umlaufrädergetriebe* 1119
Unbelastete Flanke* 1246
Unechte Pfeilverzahnung* 1266
Unterschneidung* 1313
Unterschnitt 1313
Untersetzung* 1135

Verdrehflankenspiel 2224, 4414
Verdrehspiel* 2224
Vertiefung* 1212
Verzahnung 1210
Verzahnungs-Werkzeug* 2190
Verzahnungs-Werkzeug-Modul* 2196
Verzahnwerkzeug 2190
V-Getriebe* 2252
Virtuelles Ersatzstirnrad* 3119
Virtuelles Geradzahn-Stirnrad* 3119
Virtuelles Stirnrad eines Kegelrades 3119
Virtuelle Zähnezahl 3119.2
V-Null-Radpaar 2254
V-Null-Verzahnung* 2254
Vollzähnezahl 3119.1
Vorwärtsflanke* 1245
Vou-Null-Radpaar* 2254
Vou-Radpaar* 2252
V-Rad 2189
V-Radpaar* 2252
V-Radpaar mit negativer Profil-
  verschiebung 2255.1
V-Radpaar mit positiver Profil-
  verschiebung 2255
V-Verzahnung* 2252
V-Zahnrad* 2189

Wälz . . . 1144
Wälzachse 1431
Wälzfläche 1141
Wälzflankenlinie* 2122
Wälzfräser 2193
Wälzkegel 3113
Wälzkegelwinkel 3122
Wälzkreis 2115.1
Wälzkreisdurchmesser 2116.1
Wälzkreiszylinder* 2112
Wälzlinie* 1431
Wälzpunkt 2233
Wälzschraubenlinie* 2122
Wälzwerkzeuge 2190.1
Wälzzylinder 2112

Wälzzylinder-Flankenlinie 2122
Wechselrad 1111.2
Wegschnitt* 1313
Werkzeug-Diametral Pitch* 2197
Werkzeug-Eingriffswinkel 2194
Werkzeug-Modul 2196
Werkzeug-Teilung 2195
Winkelgeschwindigkeitsverhältnis* 1132
Winkelstirnrad* 1267
Wirkliche Zahnbreite am Kegelrad* 3131.1
Wirkungslinie* 2231

X-Null-Rad* 2188
X-Null-Radpaar* 2251
X-Rad* 2189
X-Radpaar* 2252

Zähnezahlverhältnis 1131
Zahn 1211
Zahnbreite 2119, 4326
Zahnbreite am Kegelrad 3131
Zahndicke* 2147
Zahndicke am Grundzylinder im
  Stirnschnitt 2179
Zahndicke am Grundzylinder im
  Normalschnitt 2179.1
Zahndicke auf dem Teilkreis* 2156
Zahndicke am Normalschnitt 2156
Zahndicke im Sehnenmaß* 2161
Zahndicke im Stirnschnitt 2147
Zahndicken-Einstellwinkel des
  Werkzeuges 3191
Zahndicken-Halbwinkel am Kegelrad 3158
Zahndickensehne 2161
Zahndickensehne im Normalschnitt* 2161
Zahnflanke 1231
Zahnform-Korrektur 1314.2
Zahnformzahl* 4226
Zahnfußhöhe* 2133, 4229
Zahnfußhöhe am Kegelrad* 3144
Zahnfußhöhen 4340
Zahnfuß-Schwächung* 1313
Zahnfußwinkel am Kegelrad* 3145
Zahngrund* 1222.1
Zahngrunddurchmesser* 2118.1
Zahngrundkreis* 2117.1
Zahngrundspiel* 2223
Zahngrundspiel der Schnecke* 4413
Zahngrundspiel des Schnecken-
  rades* 4413
Zahngrundzylinder* 2113.1
Zahnhöhe 2131, 4227, 4341
Zahnhöhe am Kegelrad 3141
Zahnhöhenwinkel 3146

D

Zahnhöhe über der konstanten Sehne*	2164
Zahnhöhe über der Sehne*	2162
Zahnhöhe über Teilkreis*	2132
Zahnkopfdicke	2156.1
Zahnkopfhöhe*	2132, 4228
Zahnkopfhöhe am Kegelrad*	3142
Zahnkopfhöhen	4340
Zahnkopfspiel*	4413
Zahnkopfwinkel am Kegelrad*	3143
Zahnkranz	1123.1
Zahnkurve*	1233
Zahnlücke	1212
Zahnlückengrund	1222.1
Zahnlücken-Halbwinkel am Kegelrad	3159
Zahnlückenweite*	2148
Zahnlückenweite auf dem Teilkreis*	2157
Zahnlückenweite im Normalschnitt*	2157
Zahnlückentiefe*	2131
Zahnplatte*	2171
Zahnprofil	1233
Zahnprofil am Rückenkegel*	3118
Zahnrad	1111
Zahnradgetriebe*	1113
Zahnrad mit Evolventen-Verzahnung*	2174
Zahnrad mit Profilverschiebung*	2189
Zahnrad ohne Profilverschiebung*	2188
Zahnradpaar	1112
Zahnradpaar mit Außenverzahnung*	1225
Zahnradpaar mit Innenverzahnung*	1226
Zahnradpaar mit sich kreuzenden Achsen*	1115
Zahnradpaar mit Zykloidenverzahnung*	2172.1
Zahnradsatz*	1112
Zahnrädergetriebekette*	1113
Zahnschrägungswinkel*	1412
Zahnsehne*	2161
Zahnstärke*	2147
Zahnstange	2171
Zahnstangen-Getriebe*	2171.1
Zahnstangensatz	2171.1
Zahnstangenwerkzeug*	2191
Zahntiefe*	2131, 4227
Zahntiefe am Kegelrad*	3141
Zahntiefe unter Teilkreis*	2133
Zahnweite	2165
Zapfenrad*	2173
Zapfenradsatz*	2173.1
Zapfenstirnrad*	2173
Zentrale*	2221
Zentrales Ritzel*	1126
Zentralrad (groß)*	1127
Zentralrad (klein)*	1126
Zugflanke*	1245
Zulaufeingriff*	2243
Zwischenrad	1125.1
Zwischenraum*	1212
Zwischen-Zahnrad*	1125.1
Zykloide	1415
Zykloiden-Zahnrad	2172
Zykloiden-Zahnradpaar	2172.1
Zykloorthoide*	1418
Zylinder-Gerad-Zahnrad*	1261
Zylinderrad*	1321
Zylinderrad mit Doppelschrägverzahnung*	1266
Zylinderrad mit Gerad-Verzahnung*	1261
Zylinderrad mit schrägen Zähnen*	1263
Zylinderradpaar*	1323
Zylinderradtrieb*	1323
Zylinderschnecke	1325.1, 4121
Zylinderschneckengetriebe*	4123
Zylinderschneckenrad	4122
Zylinderschnecken-Radsatz	4123
Zylinderschraubenlinie*	1411
Zylinderschraubenradpaar	2215
Zylinder-Zahnrad*	1321
Zylinderzahnrad mit schrägen Zähnen*	1263
Zylindrische Schnecke*	4121
Zylindrisches Schraubenradpaar*	2215

Prólogo

Las asociaciones profesionales de constructores europeos de engranajes y elementos de transmisión crearon en 1967, con el nombre de "Comisión Europea de Asociaciones de Fabricantes de Engranajes y Elementos de Transmisión", en abreviatura EUROTRANS, una Comisión que tiene por objetivos:

a) el estudio de los problemas económicos y técnicos comunes al sector;
b) la defensa de sus intereses comunitarios ante las organizaciones internacionales;
c) el fomento del sector a nivel internacional.

La Comisión constituye una asociación sin personalidad jurídica ni fines lucrativos.

Las asociaciones miembros de EUROTRANS son:

Fachgemeinschaft Antriebstechnik im VDMA
Lyoner Straße 18, D-6000 Frankfurt/Main 71,

Servicio Técnico Comercial de Constructores de Bienes de Equipo (SERCOBE) –
Grupo de Transmisión Mecánica
Jorge Juan, 47, E-Madrid-1,

SYNECOT – Syndicat National des Fabricants d'Engrenages et Constructeurs d'Organes de Transmission
9, rue des Celtes, F-95100 Argenteuil,

FABRIMETAL – Groupe 11/1 "Engrenages et organes de transmission" rue des Drapiers, 21, B-1050 Bruxelles

BGMA – British Gear Manufacturers Association
301 Glossop Road, GB-Sheffield S 102 HN,

ASSIOT – Associazione Italiana Costruttori Organi di Trasmissione e Ingranaggi
Via Moscova 46/5, I-20121 Milano,

FME – Federatie Metaal en Electrotechnische Industrie
NL-2700 AD Zoctermeer, Postbus 190,

Sveriges Mekanförbund
Storgatan 19, S-11485 Stockholm,

Suomen Metalliteollisuuden Keskusliitto Voimansiirtoryhmä
Eteläranta 10, SF-00130 Helsinki 13.

EUROTRANS se congratula al hallarse en condiciones de presentar con esta publicación el primer tomo de un diccionario, integrado por cinco volúmenes, relativo a términos de engranaje y elementos de transmisión.

E

El primer volumen de este diccionario ha sido elaborado por un grupo de trabajo de EUROTRANS, con la colaboración de ingenieros y traductores en Alemania, España, Francia, Inglaterra, Italia, Paises Bajos, Suecia y Finlandia, bajo la dirección de M. G. Henriot. Su finalidad es facilitar el intercambio de mutuas informaciones, relativas a ruedas dentadas, en el terreno internacional, ofreciendo al mismo tiempo al personal de este sector en todos los paises, la posibilidad de conocerse y comprenderse.

Introducción

La presente obra se compone de:

ocho registros alfabéticos incluyendo sinónimos en los siguientos idiomas: alemán, español, francés, inglés, italiano, holandés, sueco y finlandés.

un cuadro sinóptico de los términos correspondientes en las citadas ocho lenguas, elaborado en base al código de las recomendaciones ISO n° R 1122 de Octubre 1969 y su segundo suplemento de Septiembre 1972.

En el diccionario, junto a cada figura se encuentra su denominación en ocho idiomas. Cada linea comienza con un número de referencía.

Al buscarse, para una palabra determinada en uno de los ocho idiomas, el término correspondiente en una de las siete restantes lenguas, sólo habrá que averiguar el número de referencia en el índice y se encontrará gracias al citado número, el término traducido a los diferentes idiomas, en el diccionario.

El mismo procedimiento se aplica para los sinónimos, los cuales están señalados con un asterisco. Caso de llevar una palabra en el diccionario varios números, ello significa que se traduce, de acuerdo con el contexto, con diferentes términos.

Ejemplo: "Bombeado"

Se busca la palabra en el índice. El término va seguido del n° 1316.

Entonces se busca en el diccionario en n° 1316, junto al que se encuentra el dibujo seguido del término tipo traducido en los siguientes idiomas:

Alemán	– Breitenballigkeit
Español	– Bombeado
Francés	– Bombé longitudinal
Inglés	– Barreling
Italiano	– Bombatura trasversale
Holandés	– Breedtewelving
Sueco	– Bombering
Finlandés	– Tynnyrimäisyys

Indice alfabético de términos, incluyendo sinónimos

Sinónimos = *

Acuerdo de fondo del diente	1254	Angulo total de contacto	2234
Altura de cabeza	2132, 4340	Arco de contacto aparente	2235.1
Altura de cabeza (referida a la circunferencia de funcionamiento)	4342	Arco de recubrimiento	2236.1
		Arco total de contacto	2234.1
Altura de cabeza del diente	3142	Arista de cabeza de diente	1221.2
Altura de cabeza del diente sobre cuerda	2162		
Altura de cabeza del diente sobre cuerda constante	2164	Bombeado longitudinal	1316
Altura de cabeza del filete	4228		
Altura de diente	4341	Cara de referencia de la rueda cónica	3133
Altura del diente	2131	Ciclóide	1415
Altura del diente de la rueda cónica	3141	Cilindro base	2176
Altura del filete	4227	Cilindro de cabeza	2113
Altura de pie	2133	Cilindro de pie de diente	2113.1
Altura de pie (referida a la circunferencia primitiva)	4344	Cilindro exterior	4314
		Cilindro primitivo	4212
Altura de pie de filete	4229	Cilindro primitivo de funcionamiento	2112
Altura útil	2222	Cilindro primitivo de referencia	2111
Altura útil H′	4412	Círculo de punta	2156.2
Anchura de la rueda	4326.1	Circunferencia base	2175
Angulo de altura del diente	3146	Circunferencia de cabeza	2117, 4318
Angulo de anchura	4327.1	Circunferencia de cabeza de la rueda cónica	3126
Angulo de cabeza	3125		
Angulo de cabeza de diente	3143	Circunferencia de pie	4319
Angulo de cabeza de la herramienta	3191	Circunferencia de pie de diente	2717.1
Angulo de contacto aparente	2235	Circunferencia de pie de la rueda cónica	3126.1
Angulo de ejes	1118		
Angulo de espiral	3176	Circunferencia generatriz del toro	4112
Angulo de hélice	1412	Circunferencia interior del toro	4115
Angulo de hélice base	2125	Circunferencia media del toro	4114
Angulo de hélice primitiva	2124	Circunferencia primitiva de funcionamiento	2115.1
Angulo de inclinación	1413		
Angulo de inclinación base	2127	Circunferencia primitiva de referencia	2115
Angulo de inclinación primitivo	2126	Cociente diametral	4226
Angulo de pie	3125.1	Coeficiente de corrección	2187
Angulo de pie de diente	3144	Coeficiente de modificación de la distancia entre centros	2256
Angulo de pie del diente	3145		
Angulo de presión	2142, 2152	Coeficiente de recubrimiento	2239
Angulo de presión aparente en un punto	2141	Cono complementario	3115
		Cono complementario interior	3116
Angulo de presión de la herramienta	2194	Cono complementario medio	3116.1
Angulo de presión en un punto	2151	Cono de cabeza de diente	3114
Angulo de recubrimiento	2236	Cono de fondo de diente	3114.1
Angulo efectivo de anchura	4327	Cono primitivo de funcionamiento	3113
Angulo exterior de espiral	3176.1	Cono primitivo de referencia	3111, 3121
Angulo medio de espiral	3176.2	Cono primitivo de referencia de la rueda cónica	3123
Angulo primitivo de funcionamiento	3122		

Contacto de entrada 2243
Contacto de salida 2244
Corona 1123.1
Corona interior 1127
Corrección de perfil 1314.2, 2186
Cremallera 2171
Cremallera generatriz 2183
Cremallera de referencia 2182
Cuerda constante 2163
Cuerda normal 2161

Dentado 1210
Dentado a derecha 1264
Dentado a izquierda 1265
Dentado continuo chevrón 1267
Dentado de espiral 1268
Dentado doble – helicoidal 1266
Despulla de cabeza 1314
Despulla de pie 1314.1
Despulla del extremo 1317
Diámetro base 2177
Diámetro de cabeza 2118, 4322
Diámetro de fondo de la rueda cónica 3127.1
Diámetro de pie de la rueda cónica 3127
Diámetro de pie 2118.1, 4323
Diámetro exterior 4321
Diametro primitivo 4213, 4324
Diámetro primitivo de funcionamiento 2116.1
Diámetro primitivo de referencia 2116
Diámetro primitivo de referencia
   de la rueda cónica 3124
Diente 1211
Distancia de la circunferencia
   de cabeza al vértice 3135.1
Distancia de referencia
   de la circunferencia de cabeza 3135
Distancia de referencia del vértice
   de la rueda cónica 3134
Distancia entre ejes 1117
Distancia nominal entre centros 2253

Eje instantaneo de rotación 1431
Engranaje 1112
Engranaje cero 2251
Engranaje cicloidal 2172.1
Engranaje cilíndrico 1323
Engranaje cilíndrico helicoidal
   para ejes cruzados 2215
Engranaje cilindrico recto 2213
Engranaje cónico 1324
Engranaje corregido con desplazamiento
   positivo de la distancia entre ejes 2255
Engranaje corregido con desplazamiento
   negativo de la distancia entre ejes 2255.1

Engranaje corregido con distancia
   nominal entre ejes 2254
Engranaje corregido 2252
Engranaje de cremallera 2171.1
Engranaje de ejes concurrentes 1115
Engranaje de ejes paralelos 1114
Engranaje de linterna 2173.1
Engranaje de tornillo sinfin 1327, 4000
Engranaje de tornillo sinfin cilíndrico 4123
Engranaje de tornillo sinfin globoidal 4126
Engranaje elíptico 1259
Engranaje exterior 1225
Engranaje hipoidal 1116
Engranaje hipoide 1328
Engranaje interior 1226
Engranaje multiplicador 1134
Engranaje reductor 1133
Epicicloide 1416
Espesor aparente 2147
Espesor normal 2156
Espesor normal de cabeza de diente 2156.1
Espesor base aparente 2179
Espesor base normal 2179.1
Evolvente de círculo 1418
Evolvente esférica 1419
Evolvente esférica helicoidal 1422
Evolvente helicoidal 1421
Excentricidad de las lineas de flancos 3174

Filete 4211
Flanco 1231
Flanco activo 1252
Flancos conjugados 1241
Flanco de cabeza 1251
Flanco derecho 1242
Flanco de pie 1251.1
Flancos de trabajo 1245
Flancos homólogos 1243
Flanco izquierdo 1242.1
Flancos opuestos 1244
Flancos posteriores 1246
Flanco útil 1253
Forma de flancos A (Tornillo
   sinfin ZA) 4231
Forma de flancos I (Tornillo sinfin ZI) 4234
Forma de flancos K (Tornillo
   sinfin ZK) 4233
Forma de flanco N (Tornillo sinfin ZN) 4232
Fresa madre 2193
Función de evolvente 1418.1

Hélice 1411
Hélice base 2123
Hélice primitiva 4214

E

Hélice primitiva de funcionamiento 2122
Hélice primitiva de referencia 2121
Herramienta circular 2192
Herramienta de cremallera 2191
Herramienta de tallar 2190
Herramienta de tallar por generación 2190.1
Hipocicloide 1417
Holgura de fondo 2223
Holgura de fondo de diente 4413
Hueco entre dientes 1212

Interferencia de engrane 1312
Interferencia de tallado 1313
Intérvalo aparente 2148
Intérvalo normal 2157

Juego aparente entre dientes 2224
Juego de circunferencia primitiva 4414
Juego normal entre dientes 2225

Linea de acción 2231
Linea de centros 2221
Linea de engrane 2232
Linea de flanco 2232
Linea de referencia 2185
Lineas y superficies tóricas 4110
Longitud de entrada 2245
Longitud de engrane 2242
Longitud de recubrimiento 2247
Longitud de salida 2246
Longitud de la generatriz de cabeza 3132
Longitud de la generatriz media 3132.2
Longitud de la generatriz de pie 3132.1
Longitud del diente 2119
Longitud del diente de la rueda
  cónica 3131
Longitud del tornillo sinfin 4215
Longitud efectiva del diente 2119.1, 4326
Longitud efectiva de diente
  de la rueda cónica 3131.1

Medida entre diente 2165
Módulo 1214
Módulo aparente 1214.1, 2145
Módulo axial 4224
Módulo de la herramienta 2196
Módulo normal 1214.2, 2154

Número de entradas 4211.1
Número real de dientes 3119.1
Número virtual de dientes 3119.2

Paso 4220
Paso angular 2144
Paso aparente 2143
Paso axial 2129, 4223, 4325
Paso base aparente 2178
Paso base normal 2178.1
Paso circunferencial 1214.4
Paso de hélice 1414
Paso diametral 1214.3
Paso diametral aparente 2146
Paso diametral normal 2155
Paso diametral de la herramienta 2197
Paso helicoidal 4222
Paso nominal de la herramienta 2195
Paso normal 2153
Perfil aparente 1234, 3118
Perfil axial 1236, 4221
Perfil del diente 1233
Perfil del flanco 1233.1
Perfil de referencia 2181
Perfil normal 1235
Piñón 1122
Piñón de cadena 1331.1
Piñón hipoide 1330
Piñón satélite 1128
Plano de acción 2241
Plano de referencia 2184
Plano medio 4311
Plano medio del toro 4113
Portasatélites 1129
Punto de contacto 2231.1
Punto de rodadura 2233

Radio de garganta 4328
Relación de contacto 2231
Relación de contacto aparente 2238
Relación de contacto total 2237
Relación de engranaje 4411
Relación de engranaje 1131
Relación de multiplicación 1136
Relación de reducción 1135
Relación de transmisión 1132
Rueda 1123
Rueda cero 2188
Rueda cicloidal 2172
Rueda cilíndrica 1321
Rueda cilíndrica equivalente 3119
Rueda cilíndrica evolvente 2174
Rueda cilíndrica recta 1261
Rueda conducida 1125
Rueda cónica 1322
Rueda cónica en espiral 3173.1
Rueda cónica helicoidal 3173
Rueda cónica recta 1262
Rueda conjugada 1121

Rueda corregida	2189
Rueda de cadena	1331
Rueda de linterna	2173
Rueda dentada	1111
Rueda dentada exterior	1223
Rueda dentada interior	1223
Rueda frontal	3172
Rueda generatriz	1311
Rueda helicoidal	1263
Rueda hipoide	1329
Rueda intermedia	1125.1
Rueda inversora	1111.2
Rueda motriz	1124
Rueda octoide	3175
Rueda para sinfin cilíndrico	1326
Rueda para tornillo sinfin cilíndrico	4122
Rueda para tornillo sinfin globoidal	4125
Rueda para tornillo sinfin globoidal	1326.1
Rueda patrón	1111.1
Rueda plana	3171
Rueda sin corrección	2188
Rueda solar	1126

| Semi-ángulo de espesor | 3158 |
| Semi-ángulo de intérvalo | 3159 |

Sentido de la hélice	1413.1
Separación de ejes	1117.1
Superficie de cabeza	1221, 4313
Superficie de cabeza del diente	1221.1
Superficie de fondo del diente	1222.1
Superficie de pie	1222
Superficie primitiva de funcionamiento	1141, 1144
Superficie primitiva de referencia	1142, 1143

Tornillo sinfin	1325
Tornillo sinfin cilíndrico	1325.1, 4121
Tornillo sinfin globoidal	1325.2, 4124
Tornillo sinfin globoidal	4124
Toro	4111
Toro de cabeza de diente	4315
Toro de pie de diente	4316, 4317
Toro de referencia	4312
Tren de engranajes	1113
Tren planetario	1119

| Vaciado de fondo para el rectificado | 1315 |
| Vértice del cono primitivo | 3112 |

E

Préface

Les associations professionnelles des constructeurs européens d'engrenages et d'éléments de transmission ont fondé en 1967 un Comité dénommé. «Comité Européen des Associations de Constructeurs d'Engrenages et d'Eléments de Transmission», dit EUROTRANS.

Ce Comité a pour but:

a) d'étudier les problèmes économiques et techniques communs à leur profession;
b) de défendre leurs intérêts communautaires à l'égard des organisations internationales;
c) de promouvoir la profession sur le plan international.

Le Comité constitue une association de fait, sans personnalité juridique ni but lucratif.

Les associations membres d'EUROTRANS:

Fachgemeinschaft Antriebstechnik im VDMA
Lyoner Straße 18, D-6000 Frankfurt/Main 71,

Servicio Tecnico Comercial de Constructores de Bienes de Equipo (SERCOBE) – Grupo de Transmision Mecanica
Jorge Juan, 47, E-Madrid-1,

SYNECOT – Syndicat National des Fabricants d'Engrenages et Constructeurs d'Organes de Transmission
9, rue des Celtes, F-95100 Argenteuil,

FABRIMETAL – Groupe 11/1 «Engrenages et organes de transmission» rue des Drapiers, 21, B-1050 Bruxelles

BGMA – British Gear Manufacturers Association
301 Glossop Road, GB-Sheffield S 102 HN,

ASSIOT – Associazione Italiana Costruttori Organi di Trasmissione e Ingranaggi
Via Moscova 46/5, I-20121 Milano,

FME – Federatie Metaal en Electrotechnische Industrie
NL-2700 AD Zoetermeer, Postbus 190,

Sveriges Mekanförbund
Storgatan 19, S-11485 Stockholm,

Suomen Metalliteollisuuden Keskusliitto Voimansiirtoryhmä
Eteläranta 10, SF-00130 Helsinki.

EUROTRANS est heureux de présenter avec cette publication le premier dictionnaire d'un ouvrage en cinq volumes et huit langues, consacré aux termes d'engrenages et d'éléments de transmission.

Le premier volume de ce dictionnaire a été élaboré par un groupe de travail d'EUROTRANS en collaboration avec des ingénieurs et traducteurs d'Allemagne, d'Espagne, de France, d'Angleterre, d'Italie, des Pays-Bas, de Suede et de Finlande sous la direction de M. G. Henriot. Il contribuera à faciliter l'échange réciproque d'informations et permettra aux hommes de métier appelés à des tâches semblables dans leurs pays respectifs de mieux se comprendre, donc de mieux se connaître.

F

Introduction

Le présènt ouvrage est composé de la manière suivante

huit tableaux alphabétiques complétés des synonymes dans les langues suivantes: allemande, espagnole, française, anglaise, néerlandaise, italienne, suédoise et finnoise;

un tableau synoptique des termes correspondants dans les huit langues ci-dessus. Le classement est basé sur les codes de la recommandation de ISO no. R 1122 et son deuxième supplément de septembre 1972.

Les dessins du glossaire précèdant les termes normalisés dans les huit langues. Le numero de code de chaque ensemble est inscrit en tête de la rubrique.

Connaissant un terme dans l'une des langues du glossaire, il suffit de consulter l'index de la langue de ce terme, de relever le numéro inscrit à la suite et de rechercher la ligne correspondante du tableau synoptique afin d'y trouver le dessin et le terme traduit dans les autres langues différentes.

Il arrive parfois que le terme cherché soit marqué d'un astérisque; cela signifie qu'il s'agit d'un synonyme.

Exemple: «Bombé longitudinal»

Dans l'index ce terme est marqué du numéro 1316 sous lequel on trouve dans le glossaire le dessin et le terme standardisé traduit en

allemand	— Breitenballigkeit
espagnol	— Bombeado
français	— Bombé longitudinal
anglais	— Barreling
italien	— Bombatura trasversale
hollandais	— Breedtewelving
suédois	— Bombering
finnois	— Tynnyrimäisyys

Tableaux alphabétique complété des synonymes

Synonymes = *

Angle des axes	1118	Cercle de pied	2117.1
Angle de conduite apparent	2235	Cercle de pointe	2156.2
Angle de creux	3145	Cercle primitif de fonctionnement	2115.1
Angle d'hélice	1412	Cercle primitif de référence	2115
Angle d'hélice de base	2125	Cercle primitif de référence de la roue conique	3123
Angle d'hélice primitive	2124	Cercle de référence	4317
Angle de hauteur de dent	3146	Cercle de tête	2117
Angle d'incidence apparent	2141	Cercle de tête de la roue conique	3126
Angle d'incidence normal*	2151	Chassis	1129
Angle d'inclinaison	1413	Circular pitch	1214.4
Angle d'inclinaison de base	2127	Coefficient de modification d'entraxe	2256
Angle d'inclinaison primitive	2126	Cône complémentaire extérieur	3115
Angle de largeur	4327.1	Cône complémentaire intérieur	3116
Angle de largeur effective	4327	Cône complémentaire moyen	3116.1
Angle nominal d'outil	2194	Cône de pied	3114.1
Angle de pied	3125.1	Cône primitif de fonctionnement	3113
Angle de pression apparent	2142	Cône primitif de référence	3111
Angle de pression nominal*	2194	Cône de tête	3114
Angle de pression normal*	2152	Conique droit*	1262
Angle de pression réel	2152	Conique spiral*	3173.1
Angle primitif de fonctionnement	3122	Contact d'approche	2243
Angle primitif de référence	3121	Contact de retraite	2244
Angle de recouvrement	2236	Corde constante normale*	2163
Angle de saillie	3143	Corde constante réelle	2163
Angle de spirale	3176	Corde normale*	2161
Angle de spirale extérieur	3176.1	Corde réelle	2161
Angle de spirale moyen	3176.2	Couronne	1127
Angle de tête	3125	Couronne à denture intérieure*	1224
Angle de tête d'outil	3191	Crémaillère	2171
Angle de tête d'outil*	3173	Crémaillère génératrice	2183
Angle total de conduite	2234	Crémaillère de référence	2182
Arc de conduite apparent	2235.1	Creux	4229
Arc de recouvrement	2236.1	Creux	2133
Arc total de conduite	2234.1	Creux*	1251.1
Axe instantané	1431	Creux de référence	4344
Axe instantané de rotation*	1431	Creux de la roue conique	3144
		Cycloïde	1415
		Cylindre de base	2176
Bombé longitudinal	1316	Cylindre extérieur	4314
		Cylindre de pied	2113.1
		Cylindre primitif de fonctionnement	2112
Cercle de base	2175	Cylindre primitif de référence	2111
Cercle à fond de gorge	4318	Cylindre de référence	4212
Cercle générateur du tore	4112	Cylindre de tête	2113
Cercle intérieur du tore	4115		
Cercle moyen du tore	4114		
Cercle de pied	4319	Dégagement de pied	1315
Cercle de pied de la roue conique	3126	Demi angle de la roue conique	3158

Demi angle d'intervalle de la roue conique 3159
Dent 1211
Denture 1210
Déplacement de profil 2186
Déport 2187
Dépouille d'extrémité 1317
Dépouille de pied 1314.1
Dépouille de tête 1314
Désaxage 1117.1
Développante de cercle 1418
Développante sphérique 1419
Diamétral Pitch 1214.3
Diamétral Pitch apparent 2146
Diamétral Pitch d'outil 2197
Diamétral Pitch normal* 2155
Diamétral Pitch réel 2155
Diamètre de base 2177
Diamètre extérieur 4321
Diamètre à fond de gorge 4322
Diamètre de pied 4323
Diamètre de pied 2118.1
Diamètre de pied de la roue conique 3127
Diamètre primitif de fonctionnement 2116.1
Diamètre primitif de référence 2116
Diamètre primitif de référence de la roue conique 3124
Diamètre de référence 4213
Diamètre de référence 4324
Diamètre de tête 2118
Diamètre de tête de la roue conique 3127
Distance d'axes* 1117
Distance de référence de la roue conique 3134
Distance de la tête de référence de la roue conique 3135
Distance de tête (par rapport au sommet) 3135.1

Ecartement 2165
Ecartement sur K dents* 2165
Engrenage 1112
Engrenage à entraxe normal* 2254
Engrenage concourant 1115
Engrenage concourant* 1324
Engrenage conique 1324
Engrenage conique gauche 1328
Engrenage corrigé avec augmentation d'entraxe 2255
Engrenage à crémaillère 2171.1
Engrenage cycloïdal 2172.1
Engrenage cylindrique 1323
Engrenage cylindrique gauche 2215
Engrenage avec déport 2252
Engrenage sans déport 2251

Engrenage elliptique 1259
Engrenage à entraxe de référence 2254
Engrenage extérieur 1225
Engrenage à fuseau 2173.1
Engrenage gauche 1116
Engrenage gauche hélicoïdal* 2215
Engrenage hypoïd* 1328
Engrenage intérieur 1226
Engrenage parallèle* 1323
Engrenage parallèle à denture droite en développante 2213
Engrenage parallèle à denture hélicoïdale 2214
Engrenage parallèle 1114
Engrenage ou train multiplicateur 1134
Engrenage ou train réducteur 1133
Engrenage à vis 1327
Engrenage à vis 4000
Engrenage à vis cylindrique 4123
Engrenage à vis globique 4126
Engrenage à vis tangente* 4123
Entraxe 1117
Entraxe normal* 2253
Entraxe de référence 2253
Entredent 1212
Epaisseur apparente 2147
Epaisseur de base apparente 2179
Epaisseur de base normale* 2179.1
Epaisseur normale* 2156
Epaisseur de base réelle 2179.1
Epaisseur réelle 2156
Epaisseur réelle de tête 2156.1
Epaisseur de tête normale* 2156.1
Epicycloïde 1416
Excentrement des lignes de flancs 3174

Face de référence de la roue conique 3133
Filets 4211
Flancs 1213
Flanc actif 1252
Flancs anti-homologues 1244
Flancs arrières 1246
Flancs avants 1245
Flancs conjugués 1241
Flancs de creux 1251.1
Flancs définis en profil axial (type ZA) 4231
Flancs définis en profil normal (type ZN) 4232
Flancs de droite 1242.1
Flancs engendrés par outil disque (type ZK) 4233
Flance de gauche 1242
Flancs en hélicoïde développable (type ZI) 4234
Flancs homologues 1234

Flancs menants* 1245
Flanc de pied* 1254
Flancs de raccord 1254
Flancs retro* 1246
Flancs de saillie 1251
Flancs utilisables 1253
Fonction développante 1318.1
Fonction involute* 1418.1
Fonctionnement 1144
Fraise mère 2193

Génératrice extérieure 3132
Génératrice intérieure 3132.1
Génératrice moyenne 3132.2
Gorge 4315

Hauteur de dent 4341
Hauteur de dent 2131
Hauteur de dent de la roue conique 3141
Hauteur de filet 4227
Hauteur de saillie* 2132
Hauteur utile 4412
Hauteur utile 2222
Hélice 1411
Hélice de base 2123
Hélice primitive de fonctionnement 2122
Hélice primitive de référence 2121
Hélice de référence 4214
Hélicoïde développable 1421
Hélicoïde en développante sphérique 1421
Hypocycloïde 1417

Interférence de taillage 1313
Intervalle apparent 2148
Intervalle normal* 2157
Intervalle réel 2157

Jeu entre dents 2225
Jeu primitif 2224
Jeu primitif 4414
Jeu à fond de dent* 2223

Largeur de denture 2119
Largeur de denture de la roue
 conique 3131
Largeur de denture effective de la
 roue conique 3131.1
Largeur effective de denture 2119.1
Largeur effective de denture 4326
Largeur de la roue 4326.1
Ligne d'action 2231

Ligne d'engrenement* 2231
Ligne des centres 2221
Ligne de conduite 2232
Ligne de flanc 1232
Ligne de référence 2185
Longueur d'action* 2242
Longueur d'action* 2232
Longueur d'approche 2245
Longueur de conduite 2242
Longueur de conduite* 2232
Longueur de recouvrement 2247
Longueur de retraite 2246
Longueur de vis 4215

Module 1214
Module apparent 2145
Module axial 4224
Module de fonctionnement 1214.1
Module normal* 2154
Module normalisé 1214.2
Module d'outil 2196
Module réel 2154

Nombre de dents complémentaire 3119.1
Nombre de dents virtuel 3119.2
Nombre de filets 4211.1
Nombre de pas* 4211.1

Outil crémaillère 2191
Outil de génération 2190.1
Outil pignon 2192

Pas 4220
Pas angulaire 2144
Pas apparent 2143
Pas axial 2129
Pas axial 4223
Pas de base apparent 2178
Pas de base normal* 2178.1
Pas de base réel 2178.1
Pas hélicoïdal 1414
Pas hélicoïdal 4222
Pas nominal d'outil 2195
Pas normal* 2153
Pas réel 2153
Pas de référence 4325
Période d' approche* 2243
Période de retraite* 2244
Plan médian 4311
Plan médian du tore 4113
Plan d'action 2241
Plan d'engrenement* 2241
Plan méridien du tore* 4113
Plan de référence 2184
Pignon 1122
Pignon de chaîne 1331.1

F

Pignon hypoïd	1330	Roue menante	1124
Point de contact	2231.1	Roue menée	1125
Point primitif	2233	Rapport de multiplication	1136
Profil apparent	3118	Roue non déportée	2188
Profil apparent	1234	Roue à denture intérieure	1224
Profil axial	1236	Roue plate	3171
Profil axial	4221	Roue satellite	1128
Profil bombé	1314.2	Roue solaire	1126
Profil de dent	1233	Roue à vis cylindrique	1326
Profil de flanc	1233.1	Roue à vis cylindrique	4122
Profil normal*	1235	Roue à vis globique	4125
Profil réel	1235	Roue à vis globique	1326.1
Profondeur de creux*	2133	Roue à vis tangeante*	4122
Pyramidale*	3175	Roue à vis tangeante*	1326
		Raccord de pied*	1254
Quotient diamétral	4226		
		Saillie	2132
Rapport de conduite	2230	Saillie	4228
Rapport de conduite apparent	2238	Saillie*	1251
Rapport d'engrenage	1131	Saillie à la corde constante	2164
Rapport de recouvrement	2239	Saillie à la corde normale*	2162
Rapport total de conduite	2237	Saillie à la corde réelle	2162
Rapport de transmission	1132	Saillie, creux	4340
Rapport de transmission	4411	Saillie de référence	4342
Rayon de gorge	4328	Saillie de la roue conique	3142
Référence	1143	Satellite*	1128
Roue	1123	Sens du filet	1413.1
Roue d'assortimement	1111.2	Solaire*	1126
Roue de chaine	1331	Sommet (cone primitif)	3112
Roue de champ	3172	Sommet de dent	1221.2
Roue conique	1322	Surfaces et lignes toriques	4110
Roue conique à denture droite*	1262	Surface de pied	1222
Roue conique à denture oblique	3173	Surface de pied de dent	1222.1
Roue conique droite	1262	Surface primitive de fonctionnement	1141
Roue conique spirale	3173.1	Surface primitive de référence	1142
Roue conjuguée	1121	Surface de tête	4313
Roue creuse*	1326	Surface de tête	1221
Roue creuse*	4122	Surface de tête de dent	1221.1
Roue cycloïdale	2172		
Roue cylindrique	1321	Tore	4111
Roue cylindrique à denture croite*	1261	Tore de pied	4316
Roue cylindrique à développante	2175	Tore de référence	4312
Roue cylindrique droite	1261	Tracé de référence	2181
Roue cylindrique équivalente	3119	Train d'engrenages	1113
Roue cylindrique à fuseaux	2173	Train épicycloïdal*	1119
Roue à denture extérieure	1223	Train planétaire	1119
Roue à denture hélicoïdale			
cylindrique*	1263	Vide à fond de dent	2223
Roue à denture frontale*	3172	Vide à fond de dent	4413
Roue à denture octoïde	3175	Vis cylindrique	4121
Roue sans déport*	2188	Vis cylindrique	1325.1
Roue déportée	2189	Vis globique	1325.2
Roue d'engrenage	1111	Vis globique	4124
Roue étalon	1111.1	Vis sans fin	1325
Roue hypoïd	1329	Vis tangente*	4121
Roue intermédiaire	1125.1	Vis tangente*	1325.1

Preface

The European professional Association of gear and transmission element manufacturers have in 1967 founded a committee named "The European Committee of Associations of Gear and Transmission Element Manufacturers" designated EUROTRANS. The objectives of this committee are:

a) The study of economic and technical problems common to the profession;
b) to represent their common interests in negotiations with international organisations;
c) to promote the profession at international level.

The Committee constitutes an association with neither legal standing nor economic goal.

The member associations of EUROTRANS are:

Fachgemeinschaft Antriebstechnik im VDMA
Lyoner Straße 18, D-6000 Frankfurt/Main 71,

Servicio Tecnico Comercial de Constructores de Bienes de Equipo (SERCOBE) – Grupo de Transmision Mecanica
Jorge Juan, 47, E-Madrid-1,

SYNECOT – Syndicat National des Fabricants d'Engrenages et Constructeurs d'Organes de Transmission
9, rue des Celtes, F-95100 Argenteuil,

FABRIMETAL – Groupe 11/1 "Engrenages et organes de transmission" rue des Drapiers, 21, B-1050 Bruxelles,

BGMA – British Gear Manufacturers Association
301 Glossop Road, GB-Sheffield S 10 2 HN,

ASSIOT – Associazione Italiana Costruttori Organi di Trasmissione e Ingranaggi
Via Moscova 46/5, I-20121 Milano,

FME – Federatie Metaal en Electrotechnische Industrie
NL-2700 AD Zoetermeer, Postbus 190,

Sveriges Mekanförbund
Storgatan 19, S-11485 Stockholm,

Suomen Metalliteollisuuden Keskusliitto Voimansiirtoryhmä
Eteläranta 10, SF-00130 Helsinki 13.

GB

EUROTRANS is with this publication, happy to present the first volume of a set of five, comprising a glossary in eight languages, of terms of gearing and transmission elements.

This first volume of the glossary has been prepared by a EUROTRANS working group in collaboration with German, Spanish, French, English, Italian, Belgian, Swedish and Finnish engineers and translators, under the leadership of M. G. Henriot. It will facilitate reciprocal exchange of information and enable people of the profession and similar fields in their respective countries better to understand and know each other.

GB

Introduction

This glossary is divided into two parts:

the first part consists of alphabetical indexes including synonyms in eight languages (German, Spanish, French, Italian, English, Dutch, Swedish and Finnish);

the second part consists of a general list of equivalent terms, also in the same eight languages. The code numbers of the glossary are the same as in ISO-Recommodation R 1122 of October 1969 and Addendum 2 of September 1972.

In the glossary the drawing is followed by the standard terms of the eight different languages. The code-number is shown at the beginning of each item.

Given a term in one of the eight languages set out in the dictionary it is only necessary to consult the index in that language, in order to ascertain the number(s) shown against it, thus enabling the corresponding entry, or entries, in the general list and therefore the appropriate translation into any of the other seven languages, to be found.

You will have the same procedure with a synonym, which is marked with *

In certain cases several numbers are shown in the indexes for one and the same term; this indicates that there are several possible translations, or that the word is contained in a number of expressions which modify its meaning.

Example: "Barreling"

You have to look for the term in the English alphabetical index. Behind the term you will find the No 1316.

Now you will find under No 1316 in the general list the term in the following languages:

German	– Breitenballigkeit
Spanish	– Bombeado
French	– Bombé longitudinal
English	– Barreling
Italian	– Bombatura trasversale
Dutch	– Breedtewelving
Swedish	– Bombering
Finnish	– Tynnyrimäisyys

Alphabetical index
including synonyms

Synonyms = *

Active flank	1252
Active flanks*	1245
Addendum	2132, 4228
Addendum*	4342
Addendum angle	3143
Addendum circle*	2117, 3126
Addendum correction*	2186
Addendum corrected gear*	2189
Addendum flank	1251
Addendum modification	2186
Addendum modification coefficient	2187
Addendum of bevel gear	3142
Angle of action*	2235
Angle of contact	2235
Angular pitch	2144
Annulus	1127
Apex to back	3134
Apex to Crown	3135.1
Approach action	2243
Arc of action*	2235.1
Arc of contact	2235.1
Axial module	4224
Axial pitch	2129, 4223
Axial profile	4221
Back cone	3115
Back flanks*	1246
Backlash*	4414
Barrelled profile*	1314
Barrelling	1316
Base circle	2175
Base cylinder	2176
Base diameter	2177
Base helix	2123
Base helix angle	2125
Base lead angle	2127
Base tangent length	2165
Basic rack	2182
Bevel gear	1322
Bevel gear pair	1324
Bevel gear with offset teeth*	3173
Bevel pinion	1322.1
Bottom clearance	2223, 4413
Bottom land*	1222
Central plane*	4311
Centre distance	1117
Centre distance modification coefficient	2256
Chain pinion*	1331.1
Chain sprocket	1331.1
Chain wheel	1331
Change gear	1111.2
Chased helicoid*	4232
Chordal addendum*	2162
Chordal height	2162
Circle at root of gorge	4218
Circle at root of throat*	4318
Circular backlash*	4414
Circular pitch	1214.4
Circular pitch*	2143
Circular pitch of cutter*	2195
Circular tooth thickness*	2147
Circumferential backlash	2224, 4414
Clearance*	2223
Clearance*	4413
Cone distance	3132
Coneworm gearing*	4126
Constant-chord	2163
Constant chord height	2164
Contact ratio	2230
Continuous double-helical teeth	1267
Continuous herringbone gear*	1267
Contracted center distance*	2256
Contrate gear	3172
Corrected geary	2189
Corrected gear pair	2252
Corresponding flanks	1243
Crowned teeth*	1316
Counterpart rack	2183
Crossed helical gear pair	2215
Crown circle*	3126
Crown to back*	3135
Crown wheel	3171
Cutter interference*	1313
Cutter nominal pitch	2195
Cutter nominal pressure angle	2194
Cutter tip angle	3191
Cycloid	1415
Cycloidal gear	2172
Cycloidal gear pair	2172.1
Cyclindrical gear	1321
Cylindrical gear pair	1323
Cylindrical involute gear	2174
Cylindrical lantern gear	2173

| Cylindrical worm | 1325.1 |
| Cylindrical worm gear pair | 4123 |

Datum circle*	4317
Datum cylinder*	4212
Datum dia*	4324
Datum diameter*	4213
Datum line	2185
Datum plane	2184
Datum toroid*	4312
Dedendum	2133, 3144, 4229
Dedendum*	4344
Dedendum angle	3145
Dedendum flank	1251.1
Diameter at root of gorge*	4322
Diameter at root of throat*	4322
Diameter quotient	4226
Diametral pitch	1214.3
Diametral pitch*	2146
Double enveloping worm gear pair	4126
Double enveloping wormwheel*	4125
Double helical teeth	1266
Driven gear	1125
Driving gear	1124

Effective facewidth (spur helical)	2119.1
Effective facewidth (bevel gear)	3131.1
Effective facewidth (worm gear)	4326
Effective width angle	4327.1
Elliptical gears	1259
End relief	1317
Enlarged center distance*	2255
Enlarged gear*	2189
Enlarged gear set*	2252
Enveloping worm	1325.2, 4124
Epicycloid	1416
Epicyclic gear train*	1119
Equivalent number of teeth*	3119.2
Equivalent spur gear (of bevel gear)*	3119
External gear	1223
External gear pair	1225

Face advance*	2236.1
Face angle*	3125
Face cone*	3114
Face contact ratio*	2239
Face gear*	3172
Facewidth	2119
Facewidth (of bevel gear)	3131
Fellows cutter*	2192
Fillet surface	1254
Front cone*	3116

Gear	1111
Gear*	1123
Gear cutting tool	2190
Gear pair	1112
Gear pair at extended centres	2255
Gear pair at reduced centres	2255.1
Gear pair at reference centre distance	2254
Gear pair at standard centre distance*	2254
Gear pair with intersecting axes	1115
Gear set at standard center distance*	2254
Gear with long addendum or short addendum teeth*	2189
Gear pair with non-parallel non-intersecting axes	1116
Gear pair with parallel axes*	1114
Gear ratio	1131
Gear rim	1123.1
Gear teeth	1210
(Gear) wheel	1123
Generant of toroid	4112
Generated pitch circle*	2115
Generated pitch dia*	2116
Generating gear	1311
Generating pressure angle*	2194
Generating rack*	2183
Generating tool	2190.1
Globoid worm*	1325.2
Globoid worm*	4124
Globoid worm gear pair*	4126
Gorge*	4315
Gorge diameter*	4322
Gorge radius*	4328

Hand of thread (or helix)	1413.1
Helical gear	1263
Helical gear pair*	1323
Helical parallel gear pair	2214
Helical spur gear*	1263
Helix	1411
Helix angle	1412
Helix on datum cylinder*	4214
Herringbone gear*	1266
Hindley worm*	1325.2, 4124
Hindley worm gear pair*	4126
Hob	2193
Hourglass worm*	1325.2, 4124
Hourglass worm gear pair*	4126
Hypocycloid	1417
Hypoid gear*	1329
Hypoid gearing*	1328
Hypoid gear pair	1328
Hypoid gear set*	1328
Hypoid pinion	1330
Hypoid wheel	1329

Idler gear 1125.1
Inner circle of the toroid 4115
Inner cone 3116
Inner cone distance 3132.1
Inside cylinder (internal gear)* 2113
Inside diameter (internal gear)* 2118
Instantaneous axis 1431
Internal gear 1224
Internal gear* 1127
Internal gear pair 1226
Intersection circle (of opposed
   involutes) 2156.2
Involute function 1418.1
Involute helicoid 1421
Involute helicoid flanks 4234
Involute to a circle 1418

Land width* 2156.1
Lantern gear pair 2173.1
Lead 1414, 4222
Lead angle 1413
Left flank 1242.1
Left hand teeth 1265
Length of action* 2242
Length of approach* 2245
Length of approach path 2245
Length of path of contact 2242
Length of recess* 2246
Length of recess path 2246
Line of action 2231
Line of centres 2221
Locating distance (of bevel gear)* 3134
Locating face (of bevel gear) 3133
Long addendum or short
   addendum teeth* 2186

Master gear 1111.1
Mating flanks 1241
Mating gear 1121
Mean cone distance* 3132.2
Middle circle (of toroid) 4114
Middle cone 3116.1
Middle cone distance 3132.2
Mid-face spiral angle 3176.2
Mid-plane (of wormshaft) 4311
Mid-plane (of toroid) 4113
Milled helicoid flank 4233
Modified gear pair* 2252
Module 1214
Mounting distance* 3134

Non working flank(s) 1246
Normal backlash 2225
Normal base pitch 2178.1

Normal base thickness 2179.1
Normal chordal addendum* 2162
Normal chordal tooth thickness 2161
Normal circular pitch* 2153
Normal circular tooth thickness* 2156
Normal crest width 2156.1
Normal diameter pitch 2155
Normale module 2154
Normal pitch 2153
Normal pressure angle 2152
Normal pressure angle (at a point) 2151
Normal profile 1235
Normal space width 2157
Normal tip width* 2156.1
Normal tip thickness 2156.1
Normal tooth thickness 2156
Normal top land* 2156.1
Number of teeth of a gear 3119.1

Octoid bevel gear 3175
Offset 1117.1
Offset tooth trace 3174
Operating addendum* 4343
Operating dedendum* 4345
Operating pitch circle* 2115.1
Operating pitch cylinder* 1141, 2112
Operating pitch dia* 2116.1
Opposite flanks 1244
Outer cone distance* 3132
Outer spiral angle 3176.1
Outside dia* 4321
Outside cylinder* 2113, 4314
Outside diameter (of wormwheel) 4321
Outside dia* 2118
Outside diameter of bevel gear* 3127
Overdrive flanks* 1246
Overlap angle 2236
Overlap arc 2236.1
Overlap length 2247
Overlap ratio 2239

Parallel gears 1114
Parallel helical gears* 2214
Path of action* 2231
Path of contact 2232
Pinion 1122
Pinion type cutter 2192
Pitch 4220
Pitch angle* 3121
Pitch circle* 2115.1
Pitch circle* 4317
Pitch circle (of bevel gear)* 3123
Pitch circle of operation* 2115.1
Pitch cone 3113

Pitch cone* 1141, 3111
Pitch cone angle 3122
Pitch cone angle* 3121
Pitch cone apex* 3112
Pitch cylinder 2112
Pitch cylinder* 4212
Pitch cylinder of operation* 2112
Pitch dia* 3124
Pitch diameter 2116.1
Pitch diameter* 4213, 4324
Pitch diameter (of bevel gear)* 3124
Pitch element* 1431
Pitch helix 2122
Pitch helix* 4214, 2121
Pitch helix angle* 2124
Pitch lead angle* 2126
Pitch line* 2185
Pitch plane* 2184
Pitch point 2233
Pitch surface 1141
Pitch surface of operation* 1141
Plane of action 2241
Planetary gear train 1119
Planet carrier 1129
Planet gear 1128
Point of contact 2231.1
Profile modification 1314.2

Rack 2171
Rack and pinion drive 2171.1
Rack type cutter 2191
Recess action 2244
Reduction gears* 1133
Reduction ratio* 1135
Reference 1143
Reference addendum 4342
Reference centre distance 2253
Reference circle (spur helical) 2115
Reference circle (bevel gear) 3123
Reference circle (worm gears) 4317
Reference cone 3111
Reference cone angle 3121
Reference cone apex 3112
Reference cylinder (spur helical) 2111
Reference cylinder (worm) 4212
Reference dedendum 4344
Reference diameter (spur helical) 2116
Reference diameter (bevel gear) 3124
Reference diameter
  (worm gears) 4213, 4324
Reference helix (spur helical) 2121
Reference helix (worm) 4214
Reference helix angle 2124
Reference lead angle 2126
Reference pitch 4325

Reference surface 1142
Reference toroid 4312
Right flank 1242
Right hand teeth 1264
Rim width 4326.1
Rim width angle 4327
Ring gear* 1127
Root angle 3125.1
Root clearance* 2223, 4413
Root circle (spur helical) 2117.1
Root circle (bevel gears) 3126.1
Root circle (worm gears) 4319
Root diameter (spur helical) 2118.1
Root diameter (bevel gear) 3127.1
Root diameter (worm gears) 4323
Root cone 3114.1
Root cylinder 2113.1
Root relief 1314.1
Root surface 1222
Root toroid 4316
Root undercut 1315

Shaft angle 1118
Single enveloping wormwheel* 4122
Skew bevel gear 3173
Space width half angle 3159
Screw helicoid* 4231
Span measurement* 2165
Speed increasing gear 1134
Speed increasing ratio 1136
Speed reducing gear 1133
Speed reducing ratio 1135
Spherical involute 1419
Spherical involute helicoid 1422
Spiral* 1411
Spiral angle 3176
Spiral angle* 1412, 3176.2
Spiral bevel gear 3173.1
Spiral gear pair* 2215
Spiral teeth 1268
Spur gear 1261
Spur gear pair 2213
Spur gear pair* 1225, 1323
Standard basic rack tooth profile 2181
Standard basic rack tooth* 2181
Standard basic rack space* 2181
Standard centre distance* 2253
Standard gear 2188
Standard gear pair 2251
Standard gear set* 2251
Standard module 1214.2
Standard pitch circle* 2115.1
Standard pitch diameter* 2116
Standard preasure angle* 2194

GE

Straight bevel gear 1262
Straight-sided axial thread 4231
Straight-sided normal thread 4232
Straight spur gear* 1261
Sun wheel 1126
Sykes cutter* 2192

Tangential pressure angle* 2127
Thread depth* 4227
Throat 4315
Throat circle 4318
Throat diameter 4322
Throat radius 4328
Tip angle 3125
Tip circle (spur helical) 2117
Tip circle (bevel gears) 3126
Tip clearance* 2223, 4413
Tip cone 3114
Tip cylinder (spur helical) 2113
Tip cylinder (worm) 4314
Tip diameter (spur helical) 2118
Tip diameter (bevel gears) 3127
Tip interference* 1312
Tip relief 1314
Tip surface (spur helical) 1221
Tip surface (worm) 4313
Tool diametral pitch 2197
Tool module 2196
Tooth 1211
Tooth crest 1221.1
Tooth depth (spur helical) 2131
Tooth depth of bevel gears 3141
Tooth depth (worm gears) 4227
Tooth depth 4341
Tooth face* 1251
Tooth fillet* 1254
Tooth flank 1231
Tooth flank* 1251.1
Tooth profile (spur helical) 1233
Tooth profile (bevel gear) 3118
Tooth root surface 1222.1
Tooth shape* 3118, 1233
Tooth space 1212
Tooth surface* 1231
Tooth thickness half angle 3158
Tooth tip 1221.2
Tooth trace 1232
Top land* 4313, 1221.1
Toroid 4111
Total angle of contact 2234
Total arc of contact 2234.1
Total contact ratio 2237
Transmission ratio 1132, 4411

Transverse base pitch 2178
Transverse base thickness 2179
Transverse circular pitch* 2143
Transverse circular thickness* 2147
Transverse contact ratio 2238
Transverse diametral pitch 2146
Transverse module 2145
Transverse pitch 2143
Transverse pressure angle 2142
Transverse pressure angle at a point 2141
Transverse profile 1234
Transverse space width 2148
Transverse tooth thickness 2147

Uncorrected gear pair* 2251
Undercut 1313
Unmodified gear pair* 2251
Usable flank 1253

Virtual number of teeth 3119.2
Virtual spur gear 3119

Wheel (gear) 1123
Whole depth (of teeth)* 2131
Whole depth tooth angle 3146
Working 1144
Working depth (spur helical) 2222
Working depth (worm) 4412
Working facewidth* 2119.1
Working facewidth of bevel gear* 3131.1
Working flank 1245
Working flank* 1252
Working module 1214.1
Working pitch helix* 2122
Working pitch surface* 1141
Working pitch cylinder* 2112
Worm 1325
Worm (cylindrical) 4121
Worm facewidth 4215
Wormgear* 1326
Wormgearing* 1327
Worm gear pair 1327, 4000
Worm thread 4211
Wormwheel 4122, 4125, 1326

X-gear* 2189
X-gear pair* 2252
X-zero gear* 2188
X-zero gear pair* 2251

Prefazione

Le Associazioni professionali dei costruttori europei d'ingranaggi e di elementi di trasmissione hanno fondato nel 1967 un Comitato denominato: "Comitato Europeo delle Associazioni dei Costruttori di Ingranaggi e di Elementi di Trasmissione", chiamato EUROTRANS.

Questo Comitato ha come obbiettivo:

a) di studiare i problemi economici e tecnici comuni alla loro categoria
b) di difendere i loro interessi comunitari nell'ambito delle organizzazioni internazionali
c) di svolgere un'azione promozionale, per la categoria, su un piano internazionale

Il Comitato costituisce un'Associazione di fatto, senza personalità giuridica nè fine lucrativo.

Sono Membri dell'EUROTRANS le Associazioni:

Fachgemeinschaft Antriebstechnik im VDMA
Lyoner Straße 18, D-6000 Frankfurt/Main 71,

Servicio Tecnico Comercial de Constructores de Bienes de Equipo (SERCOBE) –
Grupo de Transmision Mecanica
Jorge Juan, 47, E-Madrid-1,

SYNECOT – Syndicat National des Fabricants d'Engrenages et Constructeurs d'Organes de Transmission
9, rue des Celtes, F-95100 Argenteuil,

FABRIMETAL – Groupe 11/1 "Engrenages et organes de transmission" rue des Drapiers, 21, B-1050 Bruxelles,

BGMA – British Gear Manufacturers Association
301 Glossop Road, GB-Sheffield S 102 HN,

ASSIOT – Associazione Italiana Costruttori Organi di Trasmissione e Ingranaggi
Via Moscova 46/5, I-20121 Milano,

FME – Federatie Metaal en Electrotechnische Industrie
NL-2700 Zoetermeer, Postbus 190,

Sveriges Mekanförbund
Storgatan 19, S-11485 Stockholm,

Suomen Metalliteollisuuden Keskusliitto Voimansiirtoryhmä
Eteläranta 10, SF-00130 Helsinki 13.

L'EUROTRANS è felice di presentare, con questa pubblicazione, il primo dizionario di una serie di 5 volumi, comprendente i termini relativi agli ingranaggi ed agli
elementi delle trasmissioni, tradotti in otto lingue.

Questo dizionario è stato elaborato da un gruppo di lavoro dell'EUROTRANS in
collaborazione con i tecnici ed i traduttori della Germania, della Spagna, della
Francia, dell'Inghilterra, dell'Italia, dei Paesi Bassi, della Svezia, della Finlandia,
sotto la Direzione (e col coordinamento da parte) di Mr. G. Henriot.

Esso contribuirà a facilitare lo scambio reciproco d'informazioni e permetterà ai
tecnici di questo settore, chiamati a compiti simili nei loro rispettivi paesi di com-
prendersi meglio e quindi di conoscersi tra loro.

Introduzione

Il presente lavoro si compone di:

otto tabelle in ordine alfabetico completate dai sinonimi nelle seguenti lingue: tedesco – spagnolo – francese – inglese – italiano – olandese – svedese – finlandese.

un quadro sinottico dei termini corrispondenti nelle otto lingue sopraddette, che si basa sulle norme della raccomandazione ISO n° R 1122 e il suo secondo supplemento del Settembre 1972.

Nel glossario il disegno è seguito dai termini normalizzati in otto diverse lingue. Il numero è indicato all' inizio di ogni rubrica.

Dato un termine in una delle lingue del Glossario, è sufficiente consultare l'indice nella lingua di questo termine, rilevare il numero scritto a seguito di detto termine e cercare la linea corrispondente nel quadro sinottico al fine di trovare il disegno e i termini tradotti nelle differenti lingue.

Può accadere in alcuni casi che il termine cercato sia contraddistinto da un asterisco, ciò significa che si tratta di un sinonimo.

Esempio: "Bombatura".

Nell'indice questo termine è contraddistinto dal numero 1316 a fianco del quale si troverà nel Glossario il disegno e il termine tradotto in:

Allemand	– Breitenballigkeit
Spagnolo	– Bombeado
Francese	– Bombé longitudinal
Inglese	– Barreling
Italiano	– Bombatura trasversale
Olandese	– Breedtewelving
Svedese	– Bombering
Finlandese	– Tynnyrimäisyys

Indice alfabetico compresi i sinonimi

Sinonimi = *

Accoppiamento a cremagliera	2171.1
Addendum	2132, 4228, 4342
Addendum, dedendum	4340
Addendum del fianco	1251
Addendum della ruota conica	3142
Altezza del dente	2131, 4227, 4341
Altezza del dente di ingranaggio conico	3141
Altezza dell'elica	1414
Altezza sulla corda costante	2164
Altezza sulla corda normale	2162
Altezza totale	4412
Altezza utile di contatto*	2222
Altezza utile di lavoro*	2222
Altezza utile totale	2222
Angolo d'azione apparente*	2235
Angolo del cono primitivo di funzionamento	3122
Angolo del cono primitivo di riferimento	3121
Angolo d'elica	1412
Angolo d'elica di base	2125
Angolo della spirale	3176
Angolo dell'elica primitiva	2124
Angolo dell'elica primitiva di dentatura*	2124
Angolo di addendum di ingranaggio conico	3143
Angolo di dedendum di ingranaggio conico	3145
Angolo di fondo*	3125.1
Angolo di incidenza apparente*	2141
Angolo di incidenza normale (in un punto)	2151
Angolo di incidenza reale in un punto*	2151
Angolo di incidenza trasversale (apparente) in un punto	2141
Angolo di inclinazione	1413
Angolo di larghezza complessivo	4327.1
Angolo di larghezza effettivo	4327
Angolo di piede di ingranaggio conico	3125.1
Angolo di posizionamento dello spessore dente dell'utensile	3191
Angolo di pressione apparente*	2142
Angolo di pressione normale (di contatto)	2152
Angolo di pressione reale*	2152
Angolo di pressione trasversale (apparente) di contatto	2142
Angolo di ricoprimento del profilo	2235
Angolo di ricoprimento elicoidale	2236
Angolo di testa di ingranaggio conico	3125
Angolo esterno*	3125
Angolo esterno della spirale	3176.1
Angolo medio della spirale	3176.2
Angolo nominale di pressione dell'utensile	2194
Angolo primitivo di dentatura*	3121
Angolo totale del dente di ingranaggio conico	3146
Angolo totale di ricoprimento	2234
Angolo tra gli assi	1118
Arco di azione	2235.1
Arco di azione apparente*	2235.1
Arco di ricoprimento elicoidale	2236.1
Arco totale di ricoprimento nel funzionamento	2234.1
Asse istantaneo	1431
Asse istantaneo di rotazione*	1431
Assi spostati*	1177.1
Bombatura trasversale	1316
Cerchio base	2175
Cerchio di fondo*	2117.1, 3126.1
Cerchio di piede della ruota conica	3126.1
Cerchio di piede (di base)	2117.1
Cerchio di piede gola	4319
Cerchio di punta	2156.2
Cerchio di riferimento mediano	4317
Cerchio di testa	2117
Cerchio di testa della ruota conica	3126
Cerchio di testa gola	4318
Cerchio di troncatura*	2117
Cerchio esterno*	3126
Cerchio generatore del toro	4112
Cerchio interno del toro	4115

Cerchio mediano del toro 4114
Cerchio primitivo 2115
Cerchio primitivo di dentatura* 2115, 2115.1
Cerchio primitivo di dentatura
  (della ruota conica)* 3123
Cerchio primitivo di funzionamento 2115.1
Cerchio primitivo di riferimento
  di ingranaggio conico 3123
Cicloide 1415
Cilindro base 2176
Cilindro di base 2113.1
Cilindro di riferimento 4212
Cilindro di testa 2113
Cilindro di troncatura di fondo* 2113.1
Cilindro di troncatura di testa* 2113
Cilindro esterno 4314
Cilindro primitivo di funzionamento 2112
Cilindro primitivo di riferimento 2111
Circular pitch 1214.4
Coefficiente di correzione 2187
Cono complementare esterno 3115
Cono complementare interno 3116
Cono complementare medio 3116.1
Cono di fondo* 3114.1
Cono di piede 3114.1
Cono di testa 3114
Cono di troncatura* 3114
Cono primitivo di dentatura* 3111
Cono primitivo di funzionamento 3113
Cono primitivo di riferimento 3111
Contatto di entrata (della linea
  di condotta) 2243
Contatto di uscita (della linea
  di condotta) 2244
Coppia cilindrica 1323
Coppia conica 1324
Coppia di ingranaggi 1112
Coppia di ingranaggi a vite
  globoidale 4126
Coppia di ingranaggi a vite
  senza fine 4000
Coppia di ingranaggi a vite
  senza fine cilindrica 4123
Coppia di ingranaggi cicloidali 2172.1
Coppia di ingranaggi cilindrici
  a denti elicoidali 2214
Coppia di ingranaggi cilindrici
  ad evolvente a denti diritti 2213
Coppia di ingranaggi con correzione
  di profilo 2252
Coppia di ingranaggi con correzione
  di profilo negativo 2255.1
Coppia di ingranaggi con correzione
  di profilo positivo 2255
Coppia di ingranaggi con dentatura
  corretta e interasse nominale 2254

Coppia di ingranaggi di moltipli-
  cazione 1134
Coppia di ingranaggi di riduzione 1133
Coppia di ingranaggi esterni 1225
Coppia di ingranaggi interni 1226
Coppia di ingranaggi ipoidi 1328
Coppia di ingranaggi senza
  correzione 2251
Coppia di ingranaggi sghembi
  elicoidali 2215
Coppia ruota e vite senza fine 1327
Corda costante 2163
Corda normale 2161
Corda reale* 2161
Corona dentata 1123.1
Corona esterna* 1127
Corona interna per planetari 1127
Correzione del profilo 2186
Creatore* 2193
Cremagliera 2171
Cremagliera di riferimento 2182
Cremagliera generatrice 2183
Crociera porta planetari 1129

Dedendum 2133, 4229, 4344
Dedendum del fianco 1251.1
Dedendum della ruota conica 3144
Dentatura 1210
Dentatura a doppia elica, continua 1267
Dentatura a freccia* 1267
Dentatura bielicoidale
  (a doppia elica) 1266
Dentatura bielicoidale continua* 1267
Dentatura bombata 1268
Dentatura destra 1264
Dentatura sinistra 1265
Dente 1211
Dente bombato* 1316
Diametral pitch 1214.3
Diametral pitch apparente* 2146
Diametral pitch dell'utensile 2197
Diametral pitch normale 2155
Diametral pitch reale* 2155
Diametral pitch trasversale
  (apparente) 2146
Diametro del cilindro di
  riferimento 4213
Diametro di base 2177
Diametro di fondo* 2118.1, 3127.1
Diametro di piede 4323
Diametro di piede della ruota
  conica 3127.1
Diametro di piede (di base) 2118.1
Diametro di riferimento 4324
Diametro di testa della ruota
  conica 3127

Diametro di testa (esterno) 2118
Diametro di testa gola 4322
Diametro di troncatura* 2118
Diametro esterno 4321
Diametro esterno* 3127
Diametro primitivo 2116
Diametro primitivo di
   dentatura* 2116.1, 3124
Diametro primitivo di funzionamento 2116.1
Diametro primitivo di riferimento
   della ruota conica 3124
Disassamento 1117.1
Distanza di costruzione di ingranaggio
   conico 3134
Distanza di riferimento di testa
   di ingranaggio conico 3135
Distanza di testa (riferita al
   vertice del cono) 3135.1
Distanza fra gli assi* 1117

Elica base 2123
Elica cilindrica* 1411
Elica del cilindro di riferimento 4214
Elica primitiva di dentatura* 2121
Elica primitiva di funzionamento 2122
Elica primitiva di riferimento 2121
Elicoide ad evolvente 1421
Elicoide ad evolvente sferico 1422
Epicicloide 1416
Evolvente di cerchio 1418
Evolvente sferica 1419

Faccia di riferimento di
   ingranaggio conico 3133
Fattore di modificazione
   dell'interasse primitivo 2256
Fianchi coniugati 1241
Fianchi di lavoro 1245
Fianchi (omologhi) con eguale
   orientamento 1243
Fianchi opposti 1244
Fianchi posteriori (senza carico) 1246
Fianco anteriore* 1245, 1252
Fianco attivo 1252
Fianco del dente 1231
Fianco destro 1242
Fianco di piede* 1251.1
Fianco di testa* 1251
Fianco posteriore* 1246
Fianco sinistro 1242.1
Fianco utilizzabile 1253
Filetto della vite senza fine 4211
Forma dei fianchi A definita
   da un profilo assiale per vite
   ZA 4231

Forma dei fianchi I a sviluppo
   elicoidale per vite ZI 4234
Forma dei fianchi K prodotta da
   utensili a disco per vite ZK 4233
Forma dei fianchi N definita da
   un profilo normale per vite ZN 4232
(Fresa a) creatore 2193
Funzione (di) evolvente 1418.1

Generatrice (lunghezza generatrice)
   esterna 3132
Generatrice (lunghezza generatrice)
   interna 3132.1
Generatrice media 3132.2
Giuoco di funzionamento 4414
Giuoco di testa 2223, 4413
Giuoco di testa sul fondo del
   dente* 2223
Giuoco normale 2225
Giuoco primitivo 2224
Giuoco sul diametro primitivo* 2224
Giuoco sul fondo del dente* 2223
Gola di testa 4315

Inclinazione dell'elica di base 2127
Inclinazione dell'elica sul
   primitivo 2126
Ingranaggi ad assi intersecanti 1115
Ingranaggi ad assi paralleli 1114
Ingranaggi ad assi sghembi 1116
Ingranaggi cilindrici* 1114
Ingranaggi conici* 1115
Ingranaggi ellittici 1259
Ingranaggio* 1111
Ingranaggio ad assi concorrenti* 1324
Ingranaggio ad assi sghembi con
   dentatura cilindrica elicoidale* 2215
Ingranaggio ad assi paralleli* 1323
Ingranaggio a dentatura esterna 1223
Ingranaggio a dentatura interna 1224
Ingranaggio a denti esterni* 1225
Ingranaggio a denti interni* 1224
Ingranaggio campione 1111.1
Ingranaggio cilindrico ad
   evolvente 2174
Ingranaggio cilindrico a
   lanterna 2173.1
Ingranaggio cilindrico equivalente
   di un ingranaggio conico 3119
Ingranaggio conico ad assi
   sghembi* 1328
Ingranaggio corretto 2189
Ingranaggio corretto ma con
   interasse nominale* 2254

Ingranaggio del cambio — 1111.2
Ingranaggio elicoidale — 1263
Ingranaggio motore — 1124
Ingranaggio X* — 2252
Ingranaggio X-zero* — 2251
Interasse — 1117
Interasse di riferimento (nominale) — 2253
Interferenza* — 1312
Interferenza d'ingranamento* — 1312
Ipocicloide — 1417

Larghezza del dente (fascia) — 2119
Larghezza della ruota — 4326.1
Larghezza di dente di ingranaggio conico — 3131
Larghezza effettiva del dente — 2119.1, 4326
Larghezza effettiva di dente di ingranaggio conico — 3131.1
Linea d'azione (normale al profilo nel punto di contatto) — 2231
Linea del fianco dente — 1232
Linea d'elica — 1411
Linea di contatto — 2232
Linea di riferimento del profilo — 2185
Lunghezza d'accesso della linea d'azione* — 2245
Lunghezza d'azione* — 2242
Lunghezza della vite — 4215
Lunghezza di contatto — 2242
Lunghezza di contatto di entrata (della linea di condotta) — 2245
Lunghezza di contatto di uscita (della linea di condotta) — 2246
Lunghezza di recesso della linea d'azione* — 2246
Lunghezza di ricoprimento — 2247

Modulo — 1214
Modulo apparente* — 2145
Modulo assiale — 4224
Modulo dell'utensile — 2196
Modulo di funzionamento — 1214.1
Modulo normale — 2154
Modulo normalizzato (normale) — 1214.2
Modulo reale* — 2154
Modulo trasversale (apparente) — 2145

Numero dei filetti — 4211.1
Numero di denti complementare — 3119.1
Numero di denti virtuale od apparente — 3119.2

Passo — 4220
Passo angolare (angolo della divisione) — 2144
Passo assiale — 2129, 4223
Passo di base normale — 2178.1
Passo di base reale* — 2178.1
Passo di base trasversale (apparente) — 2178
Passo di riferimento — 4325
Passo elicoidale — 4222
Passo nominale dell'utensile — 2195
Passo normale — 2153
Passo reale* — 2153
Passo trasversale (apparente) — 2143
Piano d'azione — 2241
Piano di riferimento del profilo — 2184
Piano mediano della coppia a vite senza fine — 4311
Piano mediano del toro — 4113
Pignone — 1122
Pignone di ingranaggio conico con assi sghembi* — 1330
Pignone ipoide — 1330
Pignone per catena — 1331.1
Planetario — 1128
Planetario centrale* — 1126
Profilo apparente* — 1234
Profilo assiale — 1236, 4221
Profilo corretto con bombatura* — 1314.2
Profilo del dente — 1233
Profilo del fianco — 1233.1
Profilo della dentiera di riferimento* — 2181
Profilo di riferimento — 2181
Profilo modificato — 1314.2
Profilo normale — 1235
Profilo reale* — 1235
Profilo trasversale (apparente) — 1234
Profilo trasversale (apparente) sul cono complementare esterno — 3118
Punto di contatto — 2231.1
Punto primitivo di funzionamento — 2233

Quoziente diametrale — 4226

Raccordo del fondo del dente* — 1254
Raccordo di piede dente — 1254
Raggio di eccentricità delle linee dei fianchi — 3174
Raggio di gola — 4328
Rapporto d'azione apparente* — 2238
Rapporto di contatto trasversale — 2238
Rapporto di moltiplicazione — 1136

I

Rapporto di ricoprimento elicoidale 2239
Rapporto di riduzione 1135
Rapporto di trasmissione 1132, 4411
Rapporto fra il numero di denti 1131
Retta dei centri 2221
Ricoprimento 2230
Ricoprimento totale 2237
Rotismo* 1113
Ruota 1123
Ruota a dentatura ottoide (detta
  ruota conica ad evolvente) 3175
Ruota a dentatura paloide 3177
Ruota a vite senza fine globoidale* 1326.1
Ruota cicloidale 2172
Ruota cilindrica 1321
Ruota cilindrica a dentatura
  diritta* 1261
Ruota cilindrica a dentatura
  elicoidale* 1263
Ruota cilindrica a denti diritti 1261
Ruota cilindrica a perni 2173
Ruota con dentatura "frontale" 3171
Ruota condotta 1125
Ruota conica 1322
Ruota conica a dentatura diritta* 1262
Ruota conica a dentatura elicoidale* 1263.1
Ruota conica a dentatura spirale* 1263.1
Ruota conica a denti diritti 1262
Ruota conica a denti inclinati 3173
Ruota conica a denti spirali 3173.1
Ruota conica il cui angolo primitivo
  di riferimento è di 90° * 3171
Ruota coniugata (ruota I 2 coniugata
  della ruota I 1) 1121
Ruota corretta* 2189
Ruota dentata 1111
Ruota di ingranaggio conico ad
  assi sghembi* 1329
Ruota 2 coniugata della ruota 1* 1121
Ruota frontale conica (o ipoide
  con denti di altezza costante
  i cui angoli di testa e di piede
  sono di 90° per (pignone cilindrico) 3172
Ruota generatrice 1311
Ruota intermedia 1125.1
Ruota ipoide 1329
Ruota per catena 1331
Ruota per vite cilindrica 4122
Ruota per vite globoidale 1326.1, 4125
Ruota per vite senza fine 1326
Ruota senza correzione (ruota
  "zero") 2188
Ruota solare 1126
Ruota X – zero –* 2188
Ruota ad assi concorrenti* 1115

Satellite* 1128
Scarico di piede dente 1315
Scartamento 2165
Scartamento su denti* 2165
Semiangolo di spessore del dente
  della ruota conica 3158
Semiangolo di vano del dente
  della ruota conica 3159
Senso dell'inclinazione 1413.1
Smusso di piede 1314.1
Smusso di testa 1314
Sottoscarico di taglio 1313
Spessore apparente* 2147
Spessore di base apparente* 2179
Spessore di base normale 2179.1
Spessore di base reale* 2179.1
Spessore di base trasversale
  (apparente) 2179
Spessore normale 2156
Spessore normale di testa 2156.1
Spessore reale* 2156
Spessore trasversale
  (apparente) 2147
Spigolo di testa del dente 1221.2
Spoglia d'estremità 1317
Superfici e linee del "toro" 4110
Superficie di fondo* 1222
Superficie di fondo del dente 1222.1
Superficie di testa 4313
Superficie di troncatura di
  testa* 1221
Superficie esterna di testa del
  dente 1221.1
Superficie inviluppante di
  fondo 1222
Superficie inviluppante (esterna)
  di testa 1221
Superficie primitiva 1142
Superficie primitiva di funzionamento 1144
Superficie primitiva di riferimento 1143
Superficie primitiva di rotolamento 1141

Tangente ai due cerchi di base
  nel punto di contatto* 2232
Toro 4111
Toro di piede 4316
Toro di riferimento (gola mediana) 4312
Treno di ingranaggi 1113
Treno ingranaggi a planetari 1119
Treno planetario* 1119
Treno portasatelliti* 1129

Utensile a coltello circolare 2192
Utensile a cremagliera 2191

Utensile a pettine*   2191
Utensile a profilo*   2190.1
Utensile dentiera*   2191
Utensile di forma*   2190.1
Utensile di taglio   2190
Utensile generatore   2190.1
Utensile per generazione*   2190
Utensile rocchetto*   2192

Vano apparente*   2148
Vano fra due denti contigui   1212

Vano normale   2157
Vano reale*   2157
Vano trasversale (apparente)
   fra due denti   2148
Vertice primitivo di riferimento
   di ingranaggio conico   3112
Vite cilindrica   1325.1
Vite globoidale   1325.2, 4124
Vite senza fine   1325
Vite senza fine cilindrica   4121
Vite senza fine globoidale*   1325.2

Voorword

De Beroepsvereinigingen van Europese fabrikanten van tandwielen en transmissie-organen hebben in 1967 een Komitee opgericht genaamd "Europees Komitee van Verenigingen van Fabrikanten van Tandwielen en Transmissie-organen", in 't kort "EUROTRANS".

Dit Komitee heeft tot doel:

a) de gemeenschappelijke technico-commerciële vakproblemen te bestuderen;
b) de gemeenschappelijke belangen bij internationale organisaties te behartigen;
c) het specifieke vak op internationaal vlak te bevorderen.

Het Komitee is een feitelijke vereniging, zonder rechtspersoonlijkheid noch winstoogmerk.

Volgende verenigingen zijn lid van EUROTRANS:

Fachgemeinschaft Antriebstechnik im VDMA
Lyoner Straße 18, D-6000 Frankfurt/Main 71,

Servicio Tecnico Comercial de Constructores de Bienes de Equipo (SERCOBE) –
Grupo de Transmision Mecanica
Jorge Juan, 47, E-Madrid-1,

SYNECOT – Syndicat National des Fabricants d'Engrenages et Constructeurs d'Organes de Transmission
9, rue des Celtes, F-95100 Argenteuil,

FABRIMETAL – groep 11/1 "Tandwielen, transmissie-organen"
Lakenweversstraat 21, B-1050 Brussel,

BGMA – British Gear Manufacturers Association
301 Glossop Road, GB-Sheffield S 102 HN,

ASSIOT – Associazione Italiana Costruttori Organi di Transmissione e Ingranaggi
Via Moscova 46/5, I-20121 Milano,

FME – Federatie Metaal en Elektrotechnische Industrie
NL-2700 Zoetermeer, Postbus 190,

Sveriges Mekanförbund
Storgatan 19, S-11485 Stockholm,

Suomen Metalliteollisuuden Keskusliitto Voimansiirtoryhmä
Eteläranta 10, SF-00130 Helsinki 13.

Het verheugt EUROTRANS met deze publikatie een eerste deel van een vijfdelig glossarium in acht talen (Duits, Spaans, Frans, Engels, Italiaans, Nederlands,

Zweeds en Fins) i.v.m. de terminologie over tandwielen, tandwielkasten en transmissie-organen ter beschikking te kunnen stellen.

Het eerste deel van dit glossarium werd samengesteld door een werkgroep van EUROTRANS, met de medewerking van ingenieurs en vertalers uit België, Duitsland, Spanje, Frankrijk, Groot-Brittannië, Italië, Nederland, Zweden en Finland, onder leiding van M. G. Henriot. Het zal ertoe bijdragen de uitwisseling van informatie te vergemakkelijken, en zal de vaklui, die zich met gelijkaardige taken in hun respektieve landen bezighouden, helpen elkaar beter te verstaan en beter te leren kennen.

NL

Inleiding

Het onderhavig dokument bestaat uit:

acht alfabetische ééntalige trefwoordenlijsten, aangevuld met synoniemen in het Duits, Spaans, Frans, Engels, Italiaans, Nederlands, Zweeds en Fins;

een synoptische tabel van de ekwivalenten in deze acht talen, gesteund op de kodificering van de ISO-Aanbevelingen R 1122 en het tweede addendum van september 1972.

In elk vak bevinden zich, naast de tekening, de termen in deze acht talen. Elk vak begint met een rangnummer.

Wanneer men een term kent in één van de talen van het glossarium, kan men volstaan met de trefwoordenlijst te raadplegen in de betreffende taal en het nummer te noteren dat ernaast vermeld staat. Aan de hand van dit nummer zoekt men de overeenkomstige lijn in de synoptische tabel en zo vindt men de tekening en het ekwivalent van de term in de verschillende talen.

Men gaat op dezelfde wijze te werk bij synoniemen die met een asterisk aangeduid zijn. Indien bij een bepaald woord meer dan één nummer staat, dan kieze men het ekwivalent dat in het zinsverband past.

Voorbeeld: "Breedtewelving"

Zoek deze term in de Nederlandse trefwoordenlijst. U vindt het nummer 1316.

Zoek dit nummer in het glossarium: na de desbetreffende tekening vindt U als ekwivalent:

Duits	—	Breitenballigkeit
Spaans	—	Bombeado
Frans	—	Bombé longitudinal
Engels	—	Barreling
Italiaans	—	Bombatura trasversale
Nederlands	—	Breedtewelving
Zweeds	—	Bombering
Fins	—	Tynnyrimäisyys

Trefwoordenlijst aangevuld met synoniemen

Synoniemen = *

Aantal gangen	4211.1
Afwijking van de flanklijnen	3174
Afwikkelcirkel van de torus	4112
Afwikkelfrees	2193
Afwikkelheugel	2183
Afwikkelsnijgereedschap	2190.1
Afwikkeltandwiel	1311
Asafstand*	1117
Ashoek	1118
Asverschuivingsfaktor	2256
Axiale modulus	4224
Axiaalprofiel	1236, 4221
Axiale steek	2129, 4223
Basiscilinder	2176
Basiscirkel	2175
Basiscirkelmiddellijn	2177
Basisschroefhoek	2125
Basisschroeflijn*	2123
Basisspoedhoek	2127
Basistandhoek*	2125
Bedrijfs . . .*	1144
Bedrijfsmodulus	1214.1
Beschrijvende cirkel van de torus*	4112
Beschrijvende heugel*	2183
Beschrijvend wiel*	1311
Binnencirkel van de torus*	4115
Binnenkegel*	3116
Binnenkegellengte*	3132.1
Bodemflank*	1251.1
Bodemmanteloppervlak*	1222
Bodemvlak*	1222.1
Bolevolvente schroefvlak	1422
Boogvertanding	1268
Breedtehoek	4327.1
Breedtewelving	1316
Bruikbare flank	1253
Buitencilinder*	4314
Buitenkegellengte*	3132
Buitenmiddellijn van het wormwiel	4321
Centraal	2221
Cilindrisch tandwiel	1321
Cilindrisch tandwiel met rechte vertanding*	1261
Cilindrische tandwieloverbrenging	1323
Cilindrische tandwieloverbrenging met rechte evolvente vertanding	2213
Cilindrisch wiel*	1321
Cilindrische worm	1325.1, 4121
Cilindrische wormoverbrenging	4123
Cilindrisch wormwiel	4122
Circular pitch	1214.4
Cirkelevolvente	1418
Cycloïdale overbrenging	2172.1
Cycloïdale tandwiel	2172
Cycloïde	1415
Diameterkotiënt	4226
Diametral pitch	1214.3
Diametral pitch van het gereedschap	2197
Doorgangskotiënt*	2237
Draad*	4211
Dragende flanken	1245
Drijvend wiel	1124
Drijver*	1124
Dubbel helicoïdale vertanding*	1266
Dubbele schroefvertanding	1266
Effektieve breedtehoek	4327
Effektieve tandbreedte	2119.1, 3131.1, 4326
Eindwelving	1317
Elliptische tandwielen	1259
Enkelvoudig tandwielstel	1112
Epicycloïdale overbrenging*	1119
Epicycloïde	1416
Ekwivalent cilindrisch tandwiel	3119
Evenwijdig tandwielstel*	1114
Evolvente*	1418, 2213
Evolvent cilindrisch tandwiel	2174
Evolventefunktie	1418.1
Evolvente schroefvlak	1421
Fabrikage-ondersnijding	1313
Flankprofiel	1233
Flanklijn	1232
Flankvorm A (type ZA)	4231
Flankvorm I (type ZI)	4234
Flankvorm K (type ZK)	4233
Flankvorm N (type ZN)	4232
Flankvorm van Archimedes*	4231

Gang	4211
Gangrichting	1413.1
Gedreven wiel	1125
Gemeenschappelijke tandhoogte*	2222, 4412
Gemiddelde komplementaire kegel	3116.1
Gemiddelde kegellengte	3132.2
Gemiddelde spiraalhoek	3176.2
Genormaliseerde modulus	1214.2
Gereedschapsmodulus	2196
Globoïde-wiel	1326.1, 4125
Globoïde-worm	1325.2, 4124
Globoïde-wormoverbrenging	4126
Groef*	4315
Halve kuilwijdtehoek	3159
Halve tanddiktehoek	3158
Hartafstand	1117
Hartlijnafwijking	1117.1
Hellingshoek*	1412
Heugel	2171
Heugel en rondsel	2171.1
Heugelsteekmes	2191
Hoek van de tandhoogte	3146
Hoogtewelving	1314.2
Hypocycloïde	1417
Hypoïde-overbrenging*	1328
Hypoïde-rondsel	1330
Hypoïde-wiel	1329
Inbouwmaat*	3134
Ingrijpflank	1252
Ingrijplijn	2231
Ingrijplengte	2242
Ingrijpkotiënt	2230
Ingrijppunt	2231.1
Ingrijpstoring*	1312
Ingrijptandbreedte*	2120
Ingrijpverhouding*	2230
Ingrijpvlak	2241
Ingrijpsweg	2232
Inwendige cirkel van de torus	4115
Inwendige komplementaire kegel	3116
Inwendige kegellengte	3132.1
Inwendige tandwieloverbrenging*	1226
Inwendig tandwiel*	1224
Inwendig zonnewiel*	1126
Keel	4315
Keelcirkel	4318
Keelcirkeldiameter*	4322
Keelcirkelmiddellijn	4322
Keelcirkel van de groef*	4318
Keelradius	4328
Kegeltandwiel	1322
Kegeltandwiel met schuine vertanding	3173
Kegeltandwiel met spiraalvertanding	3173.1
Kegeltandwieloverbrenging	1324
Kegelwiel*	1322
Kerndiameter*	4322
Kettingwiel	1331
Komplementaire kegel	3115
Komplementair tandental	3119.1
Konisch tandwiel*	1322
Konisch tandwiel met rechte vertanding*	1262
Konische tandwieloverbrenging*	1324
Konisch wiel*	1322
Konstante koorde	2163
Konstante koordehoogte	2164
Kontaktpunt*	2231.1
Kontroletandwiel	1111.1
Koordehoogte*	2162
Kopafstand*	3135
Kopcilinder*	2113
Kopcirkel*	2117, 3126
Kopcirkeldiameter*	2118
Kopdiameter*	3127
Kopflank	1251
Kophoek	3143
Kophoek van het gereedschap	3191
Kophoogte	2132, 3142, 4228, 4340
Kopkant*	1221.2
Kopkegel*	3114
Kopkegelhoek*	3125
Kopmanteloppervlak*	1221
Kopoppervlak*	1221.1, 4313
Kopspeling*	2223
Kroonwiel	3171
Kroonwiel met konstante tandhoogte	3172
Linker flank	1242.1
Linkse vertanding	1265
Manteloppervlak*	1141
Meervoudig tandwielstel	1113
Meettandwiel	1111.1
Middellijn van de basiscirkel*	2177
Middellijn van de referentiecirkel*	2116, 3124, 4213, 4324
Middellijn van de rolcirkel*	2116.1
Middellijn van de steekcirkel van het kegeltandwiel*	3124
Middellijn van de topcirkel*	2118

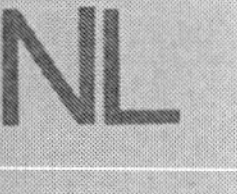

Middellijn van de voetcirkel* 2118.1
Middelpuntlijn 2221
Middencirkel van de torus 4114
Middenkegel* 3116.1
Middenkegellengte* 3132.2
Middenvlak 4311
Middenvlak van de torus 4113
Modulus 1214
Momentele as 1431
Montage-steunvlak* 3133

Naderingskontakt 2243
Naderingslengte 2245
Na-ingrijping* 2244
Na-ingrijplengte* 2246
Niet-dragende flank 1246
(Nominale) drukhoek van het gereedschap 2194
(Norminale) steek van het gereedschap 2195
Normaalbasissteek 2178.1
Normaalbasistanddikte 2179.1
Normaal-diametral pitch 2155
Normaaldikte aan de kop 2156.1
Normaaldikte aan de voet 2156.2
Normaaldrukhoek 2152
Normaaldrukhoek in een punt* 2151
Normaalflankspeling 2225
Normaalinvalshoek 2151
Normaalkoordehoogte 2162
Normaalkuilwijdte 2157
Normaalmodulus 2154
Normaalprofiel 1235
Normaalsteek 2153
Normaaltanddikte 2156
Normaaltandkoorde 2161
Nuttige hoogte 2222, 4412

Octoïde-tandwiel 3175
Ogenblikkelijke as* 1431
Omhullingshoek* 4327.1
Omtreksbasissteek 2178
Omtreksbasistanddikte 2179
Omtreks-diametral pitch 2146
Omtreksdrukhoek 2142
Omtreksdrukhoek in één punt* 2141
Omtreksflankspeling 2224, 4414
Omtrekskuilwijdte 2148
Omtreksmodulus 2145
Omtrekstanddikte 2147
Omtreksteek 2143
Ondersnijding* 1315
Ontwikkelbaar schroefoppervlakkige tandflanken* 4234

Overbrengverhouding 1132, 4411
Overeenkomstige flanken 1243
Overlappingsboog 2236.1
Overlappingshoek 2236
Overlappingslengte 2247
Overlappingskotiënt 2239
Overlappingsverhouding* 2239

Pennenwiel 2173
Pennenwiel-overbrenging 2173.1
Planeetdrager 1129
Planeetoverbrenging 1119
Planeetstelsel* 1119
Planeetwiel 1128
Pool 2233
Profielkorrektie aan de kop 1314
Profielverschuiving 2186
Profielverschuivingskoëfficiënt* 2187
Profielverschuivingsfaktor 2187
Pijlvertanding 1267

Recht cilindrisch tandwiel 1261
Recht kegeltandwiel 1262
Recht konisch tandwiel* 1262
Rechter flank 1242
Rechtse vertanding 1264
Reducerende tandwieloverbrenging* 1133
Reduktieverhouding* 1135
Referentie . . . 1143
Referentiecilinder* 2111, 4212
Referentiecirkel* 2115, 3123, 4317
Referentiecirkel-diameter* 2116, 3124, 4213, 4324
Referentieflanklijn* 4214
Referentiehartafstand 2253
Referentieheugel* 2182
Referentiekophoogte 4342
Referentielijn 2185
Referentiemaat 3134
Referentie-oppervlak 1142
Referentieprofiel* 2181
Referentieschroeflijn 4214
Referentiespoed 4325
Referentiekegel* 3111
Referentiekegelhoek* 3121
Referentietorus 4312
Referentievlak 2184, 3133
Referentievoethoogte 4344
Ringwiel 1123.1
Ringwiel van planeetoverbrenging 1127
Rol . . . 1144
Rolcilinder 2112
Rolicilinderschroeflijn* 2122
Rolcirkel 2115.1

Rolcirkeldiameter* 2116.1
Rolcirkelflanklijn 2122
Rolcirkelmiddellijn 2116.1
Rolkegel 3113
Rolkegelhoek 3122
Roloppervlak 1141
Rondsel 1122
Rondselsteekmes* 2192
Rugkegel* 3115
Rugkegeltandprofiel* 3118

Samenwerkende flanken 1241
Satelliet* 1128
Satellietwiel* 1128
Schijnbaar profiel* 1234
Schijnbaar profiel
  (aan de komplementaire kegel) 3118
Schijnbare basisdikte* 2179
Schijnbare basissteek* 2178
Schijnbare diametral pitch* 2146
Schijnbare doorgangsboog 2235.1
Schijnbare doorgangshoek 2235
Schijnbare drukhoek* 2142
Schijnbare ingrijpboog* 2235.1
Schijnbare ingrijphoek* 2235
Schijnbare ingrijpkotiënt 2238
Schijnbare invalshoek 2141
Schijnbare kuilwijdte* 2148
Schijnbare modulus* 2145
Schijnbare steek* 2143
Schijnbare tanddikte* 2147
Schroefhoek 1412
Schroefhoek op de referentiecilinder* 2124
Schroefhoek op de steekcilinder 2124
Schroefkegeloverbrenging 1328
Schroeflijn 1411
Schroeflijn op de basiscilinder 2123
Schroeflijn op de rolcilinder 2122
Schroeflijn op de steekcilinder 2121
Schroefwiel 1263
Schroefwieloverbrenging met
  evenwijdige assen* 2214
Schroefwieloverbrenging met
  evenwijdige hartlijnen 2214
Schroefwieloverbrenging met
  kruisende assen* 2215
Schroefwieloverbrenging met
  kruisende hartlijnen 2215
Snijgereedschap 2190
Spiraalhoek 3176
Spiraalvertanding 1268
Spoed 1414, 4222
Spoedhoek 1413
Spoedhoek op de referentiecilinder* 2126

Spoedhoek op de steekcilinder 2126
Steek 4220
Steek ... 1143
Steekcilinder 2111, 4212
Steekcirkel 2115, 3123, 4317
Steekcirkelmiddellijn 2116, 3124, 4213, 4324
Steekheugel* 2191
Steekkegel 3111
Steekkegelhoek 3121
Steekkegeltop 3112
Steeklijn 2185
Steekoppervlak 1142
Steekpunt* 2233
Steekspeling* 2224
Steekvlak 2184
Steekwiel 2192

Tand 1211
Tandbreedte 2119, 3131, 4326
Tandentalverhouding 1131
Tandflank 1231
Tandflanken bepaald in axiaal profiel* 4231
Tandflanken bepaald in normaal
  profiel* 4232
Tandflanken beschreven door
  een schijfgereedschap* 4233
Tandhoogte 2131, 3141, 4227, 4341
Tandkuil 1212
Tandprofiel 1233.1
Tandpunt-cirkel 2156.2
Tandsteekhoek 2144
Tandwiel 1111
Tandwiel met helicoïdale vertanding* 1263
Tandwiel met inwendige vertanding 1224
Tandwiel met profielverschuiving 2189
Tandwiel met uitwendige vertanding 1223
Tandwiel zonder profielverschuiving 2188
Tandwieloverbrenging* 1112
Tandwielstel* 1112
Tandwielstel met evenwijdige assen* 1114
Tandwielstel met evenwijdige
  hartlijnen 1114
Tandwielstel met inwendige
  vertanding 1226
Tandwielstel met kruisende assen* 1116
Tandwielstel met kruisende hartlijnen 1116
Tandwielstel met negatieve
  asverschuiving 2255.1
Tandwielstel met positieve
  asverschuiving 2255
Tandwielstel met referentiehartaf-
  stand 2254
Tandwielstel met snijdende assen* 1115

Tandwielstel met snijdende hartlijnen 1115
Tandwielstel met uitwendige
  vertanding 1225
Tandwielstel met profielverschuiving 2252
Tandwielstel zonder profielver-
  schuiving 2251
Tandwijdte 2165
Tegenflanken 1241
Tegengestelde flanken 1244
Tegenwiel 1121
Teoretische heugel 2182
Teoretisch heugelprofiel 2181
Topafstand 3135
Topcilinder 2113
Topcirkel 2117, 3126
Topcirkelafstand 3135.1
Topcirkelmiddellijn 2118
Topdiameter* 3127
Topkant 1221.2
Topkegel 3114
Topkegelhoek 3125
Topmanteloppervlak 1221
Topmiddellijn 3127
Topoppervlak 4313
Topspeling 2223, 4413
Topvlak 1221.1
Torus 4111
Toruslijnen en -vlakken 4110
Torusvormige worm* 1325.1, 4124
Torusvormig wormwiel* 1326, 4125
Torusvormige wormoverbrenging* 4126
Totale doorgangsboog 2234.1
Totale ingrijpboog* 2234.1
Totale ingrijphoek* 2234
Totaal ingrijpkotiënt 2237
Totale ingrijpverhouding* 2237
Transversaalprofiel 1234
Tussenwiel 1125.1

Uitwendige cilinder 4314
Uitwendige kegellengte 3132
Uitwendige spiraalhoek 3176.1
Uitwendig tandwiel* 1223
Uitwendige tandwieloverbrenging* 1225
Uitwendig zonnewiel* 1127

Valse ingrijping 1312
Versnellende tandwieloverbrenging 1134
Versnellingsverhouding 1136
Vertanding 1210
Vertragende tandwieloverbrenging 1133
Vertragingsverhouding 1135
Verwijderingskontakt 2244

Verwijderingslengte 2246
Virtueel tandental 3119.2
Voetafronding 1254
Voetcilinder 2113.1
Voetcirkel 2117.1, 3126.1, 4319
Voetcirkelmiddellijn 2118.1, 4323
Voetdiameter* 3127.1
Voetflank 1251.1
Voethoek 3145
Voethoogte 2133, 3144, 4340
Voetkegel 3114.1
Voetkegelhoek 3125.1
Voetmanteloppervlak 1222
Voetmiddellijn 3127.1
Voetondersnijding 1315
Voetoppervlak 1222.1
Voettorus 4316
Volger* 1125
Vóór-ingrijping* 2243
Vóór-ingrijplengte* 2245

Werkings ...* 1144
Werkingslijn* 2231
Werkingsmodulus* 1214.2
Werkingscilinder* 2112
Werkingscirkel* 2115.1
Werkingscirkeldiameter* 2116.1
Werkingshoek* 3122
Werkingskegel* 3113
Werkingsoppervlak* 1141
Werkingsschroeflijn* 2122
Werkingsvlak* 2241
Wiel 1123
Wisselwiel 1111.2
Worm 1325
Wormlengte 4215
Wormoverbrenging 1327, 4000
Wormwiel 1326
Wormwielbreedte 4326.1
Wijzigingskoëfficiënt van de
  hartafstand* 2256

X-nul-overbrenging* 2251
X-overbrenging* 2252

Y-min-overbrenging* 2255.1
Y-nul-overbrenging* 2254
Y-plus-overbrenging* 2255

Zonnewiel 1126

NL

Förord

De europeiska kuggväxel och transmissionsdelstillverkarnas fackförbund grundade år 1967 en kommitté under namnet "Den europeiska fackförbundskomitten för kuggväxel och transmissionsdelstillverkare", kort kallad EUROTRANS.

Kommittén har som uppgift:

a) att studera gemensamma ekonomiska och tekniska fackproblem
b) att företräda gemensamma interessen gentemot internationella organisationer
c) att befrämja fackområdet på ett internationellt plan

Kommittén är en sammanslutning utan juridisk person och utan avseende på vinst.

Medlemsförbunden inom EUROTRANS är:

Fachgemeinschaft Antriebstechnik im VDMA
Lyoner Straße 18, D-6000 Frankfurt/Main 71,

Servicio Tecnico Comercial de Constructores de Bienes de Equipo (SERCOBE) –
Grupo de Transmision Mecanica
Jorge Juan, 47, E-Madrid-1,

SYNECOT – Syndicat National des Fabricants d'Engrenages et Constructeurs
d'Organes de Transmission
9, rue des Celtes, F-95100 Argenteuil,

FABRIMETAL – groep 11/1 "Tandwielen, transmissie-organen" Lakenweversstraat 21, B-1050 Brussel,

BGMA – British Gear Manufacturers Association
301 Glossop Road, GB-Sheffield S 102 HN,

ASSIOT – Associazione Italiana Costruttori Organi di Transmissione e Ingranaggi
Via Moscova 46/5, I-20121 Milano,

FME – Federatie Metaal en Electrotechnische Industrie
NL-2700 Zoetermeer, Postbus 190,

Sveriges Mekanförbund
Storgatan 19, S-11485 Stockholm,

Suomen Metalliteollisuuden Keskusliitto Voimansiirtoryhmä
Eteläranta 10, SF-00130 Helsinki 13.

EUROTRANS har med detta verk nöjet att presentera den första delen i en ordboksserie om sammanlagt fem band på åtta språk (tyska, spanska, franska, engelska, italienska, holländska, svenska och finska) ägnade åt kugghjul, växlar och transmissionselement.

Det första av dessa band har utarbetats av en arbetsgrupp inom EUROTRANS i samarbete med ingenjörer och översättare från Tyskland, Spanien, Frankrike, England, Italien, Holland, Sverige och Finland under ledning av herr G Henriot. Det skall underlätta det ömsesidiga internationella informationsutbytet inom kuggväxelområdet samt erbjuda möjlighet för personer inom samma fack att bättre förstå och lära känna varandra.

S

Inledning

Föreliggande verk omfattar

åtta alfabetiska register inklusive synonymer på tyska, spanska, franska, engelska, italienska, holländska, svenska och finska;

en ordbok på ovanstående åtta språk, som baserar sig på kodsystemet i ISOs rekommendation R 1122 av oktober 1969 samt tillägg 2 av september 1972

I ordboken finner man vid bilden av begreppet termen på de åtta språken. Varje bild har sitt kodnummer i kanten.

Om man till ett uppslagsord, som är givet på ett av de åtta språken i ordlistan, söker efter översättingen på något av de andra sju språken, så behöver man endast ta reda på kodnumret i registret. Man finner då översättningen under detta nummer i ordboken.

Samma förfarande gäller för synonymer, vilka är markerade med en*. Om ett ord har flera nummer i det alfabetiska registret, så får sammanhanget avgöra översättningen.

Exempel: "Bombering"

Sök upp ordet i det svenska registret och Ni finner nr 1316

Sök nu upp nr 1316 i ordboken och Ni återfinner avbildningen liksom även termen på

tyska	– Breitenballigkeit
spanska	– Bombeado
franska	– Bombé longitudinal
engelska	– Barreling
italienska	– Bombatura trasversale
holländska	– Breedtewelving
svenska	– Bombering
finska	– Tynnyrimäisyys

S

Alfabetisk ordlista med synonymer

Synonymer = *

Aktiv Kuggflank*	1252	Cylindrisk skruvhjulssats*	2215
Allmänt	4100	Cylindrisk skruvväxel*	2215
Alstringcirkel för cylindrisk ring*	4112	Cylindrisk snäcka*	4121
Anliggningsyta för koniskt kugghjul	3133	Cylindrisk snäckhjulssats	4123
Annulusring	1127	Cylindriskt evolventkugghjul	2174
Antal ingångar	4211.1	Cylindriskt hjul med dubbel	
Användbar kuggflank	1253	snedkugg*	1266
Arbetsflank	1245	Cylindriskt hjul med evolventkugg*	2174
Avrullnings- ...*	1144	Cylindriskt hjulpar*.	1114, 1323
Avrullningsyta*	1141	Cylindriskt hjulpar med rak	
Avvalsningsfräs*	2193	evolventkugg	2213
Avvalsningsverktyg	2190.1	Cylindriskt hjulpar med rakkugg*	1261
Axelavstånd	1117	Cylindriskt hjulpar med snedkugg	2214
Axelavståndsförskjutningsfaktor	2256	Cylindriskt kugghjul	1321
Axelförskjutning	1117.1	Cylindriskt kugghjul med cykloid-.	
Axelvinkel	1118	kuggar*	2172
Axialdelning	2129, 4223	Cylindriskt kugghjul med rakkugg	1261
Axialmodul	4224	Cylindriskt kugghjul med snedkugg	1263
Axialprofil	1236, 4221	Cylindriskt kugghjulspar	1323
		Cylindriskt skruvhjulspar	2215
Bakflank	1246		
Bakkon	3115	Delning	4220
Bombering	1316	Delning i axialsnitt*	2129
Bottencirkel	2117.1, 4319	Delning i normalsnitt*	2153
Bottencirkel för koniskt kugghjul	3126.1	Delning i transversalsnitt*	2143
Bottencylinder	2113.1, 2118	Delning på grundcirkeln	
Bottendiameter	4323	i transversalsnitt*	2178
Bottendiameter för koniskt kugghjul	3127.1	Delnings- ...	1143
Bottenflank	1254	Delningscirkel	2115
Bottenkon	3114.1	Delningscirkel för koniskt kugghjul	3123
Bottenkonvinkel	3125.1	Delningscylinder	2111
Bottenspel	2223, 4413	Delningsdiameter	2116
Bottentoroid	4316	Delningsdiameter för koniskt kugghjul	3124
Bottenyta	1222	Delningskon	3111
Breddvinkel	4327	Delningskonspets	3112
Bågkugg	1268	Delningskonvinkel	3121
		Delningslinje*	2185
		Delningsvinkel	2144
Centrumhjul*	1126	Delningsyta	1142
Cirkelevolvent	1418	Diametral pitch	1214.3
Cirkulär pitch	1214.4	Diametral pitch hos verktyget	2197
Cykloid	1415	Diametral pitch i axialsnitt	4225
Cykloid-Kugghjul	2172	Diametral pitch i normalsnitt	2155
Cykloid-Kugghjulspar	2172.1	Diametral pitch i transversalsnitt	2146
Cylindersnäcka	1325.1, 4121	Drev	1122
Cylindrisk Hjulsats*	1323	Drevaxel*	1122
Cylindrisk Kuggväxel*	1323	Driftmodul	1214.1
Cylindrisk Ring*	4111	Drivande flank*	1245

S

Drivande hjul 1124
Driven flank* 1246
Drivet hjul 1125
Dubbel snedkugg 1266

Effektiv breddvinkel 4327.1
Effektiv kuggbredd 2119.1
Effektiv kuggbredd för koniskt
  kugghjul 3131.1
Ekvidistant punkthjul* 2173
Elliptiska kugghjul 1259
Enkel konisk kuggväxel* 1115
Enkel kuggväxel* 1112
Epicyklisk växel* 1119
Epicykloid 1416
Epitrokoid* 1416
Ersättningskugghjul för koniskt
  kugghjul 3119
Evolvent* 1418
Evolventfunktion 1418.1
Evolventkugghjul* 2174
Evolventskruvyta 1421

Flanklinje 1232
Flanklinje på delningscylindern 2121
Flanklinje på grundcylindern 2123
Flanklinje på referenscylindern* 2121
Flanklinje på rullningscylindern 2122
Flankprofil 1233.1
Flerstegs kuggväxel* 1113
Formtal 4226
Fotavlättning 1314.1
Fotflank 1251.1
Fothöjd 2133
Fothöjd (ref. till mittcirkel) 4344
Fothöjd (ref. till rullningscirkel) 4345
Fothöjd för koniskt kugghjul 3144
Fothöjdsvinkel for koniskt kugghjul 3145

Gemensam kugghöjd 2222, 4412
Genererande hjul 1311
Genereringscirkel för toroid 4112
Globoidsnäcka 1325.2, 4124
Globoidsnäckhjul 1326.1, 4125
Globoid-snäckhjulssats 4126
Grundcirkel 2175
Grundcirkel-kuggtjocklek* 2179
Grundcylinder 2176
Grundcylinder-normaldelning* 2178.1
Grunddelning i normalsnitt 2178.1
Grunddelning i transversalsnitt 2178
Grunddiameter 2177

Gräns för spetsig kugg 2156.2
Gänga 4211
Gängform ZA 4231
Gängform ZI 4234
Gängform ZK 4233
Gängform ZN 4232
Gängformer 4230
Gängfothöjd 4229
Gänghöjd 4227
Gängtopphöjd 4228

Halva kuggtjockleksvinkeln
  för koniskt kugghjul 3158
Halva luckviddsvinkeln
  för koniskt kugghjul 3159
Hjul* 1123
Hjul med innerkugg* 1224
Hjul med ytterkugg* 1223
Hjulpar* 1112
Hjulpar för nedväxling 1133
Hjulpar för uppväxling 1134
Hjulpar med innerkugg 1226
Hjulpar med korsande axlar 1116
Hjulpar med negativ profilförskjutning 2255.1
Hjulpar med parallella axlar 1114
Hjulpar med positiv profilförskjutning 2255
Hjulpar med profilförskjutning 2252
Hjulpar med profilförskjutning och
  referensaxelavstand* 2254
Hjulpar med skärande axlar 1115
Hjulpar med ytterkugg 1225
Hjulpar utan profilförskjutning 2251
Hjulsats* 1113
Huvudaxialplan 4311
Hypocykloid 1417
Hypoiddrev 1330
Hypoidhjul 1329
Hypoidhjulpar 1328
Hypoidhjulsats* 1328
Hypoidväxel* 1328
Hypotrokoid* 1417
Hyvelstål* 2191
Höger snedkugg 1264
Högerflank 1242
Höjd över delningscirkel* 2132
Höjd över konstant kord-
  akuggtjocklek* 2164
Höjd över korda* 2162

Ingrepplinje 2231
Ingreppsdelning* 2178.1
Ingreppspunkt 2231.1
Ingreppsstorheter 2230

Ingreppssträcka 2232
Ingreppssträckans längd 2242
Ingreppstal 2238
Ingreppsvinkel i normalsnitt 2152
Ingreppsvinkel i normalsnitt i en punkt 2151
Ingreppsvinkel i transversalsnitt
  i en punkt 2141
Ingreppsvinkel i transversalsnitt
  vid delningdcylindern 2142
Ingreppsyta 2241
Ingångsingrepp 2243
Ingångsingreppssträcka 2245
Innercirkel för toroid 4115
Innerkon 3116
Innerkugghjul 1224
Innerkuggväxel* 1226
Inre konlängd 3132.1
Interferens 1312

Kamstål 2191
Kedjedrev 1331.1
Kedjehjul 1331
Kompletteringskuggtal 3119.1
Konisk hjulsats* 1324
Konisk kuggväxel* 1324
Konisk skruvhjulssats* 1328
Konisk skruvväxel* 1328
Koniska hjul med korsande axlar* 1116
Koniskt hjulpar* 1115, 1324
Koniskt hjulpar med rakkugg* 1262
Koniskt hjulpar med snedkugg 3173
Koniskt kugghjul 1322
Koniskt kugghjul med oktoidkugg 3175
Koniskt kugghjul med rakkugg 1262
Koniskt kugghjulspar 1324
Koniskt skruvdrev* 1330
Koniskt skruvhjul* 1329
Koniskt skruvhjulspar* 1328
Koniskt spiralhjulpar* 1328
Koniskt spiralkugghjul 3173.1
Konstant kordakuggtjocklek 2163
Konstant kordatopphöjd 2164
Kordakuggtjocklek* 2161
Kordakuggtjocklek i normalsnitt 2161
Kordatopphöjd 2162
Korsningsavstånd hos flanklinjer 3174
Korsningsvinkel för axlarna* 1118
Kugg 1211
Kuggar 1210
Kuggbearbetningsverktyg 2190
Kuggbredd 2119, 4326
Kuggbredd för koniskt kugghjul 3131
Kuggflank 1231
Kuggfothöjd 2133

Kugghjul 1111, 1123
Kugghjul med evolventkugg* 2174
Kugghjul med pilkugg* 1267
Kugghjul med profilförskjutning 2189
Kugghjul utan profilförskjutning 2188
Kugghjulspar 1112
Kugghjulspar med innerkugg* 1226
Kugghjulspar med ytterkugg* 1225
Kugghjulssats 1113
Kugghöjd 2131, 4341
Kugghöjd för koniskt kugghjul 3141
Kugghöjdsvinkel 3146
Kuggkrans 1123.1
Kuggkrans* 1127
Kugglucka 1212
Kuggluckas bottenyta 1222.1
Kuggprofil 1233
Kuggprofil i axialsnitt* 1236
Kuggprofil i normalsnitt* 1235
Kuggprofil i transversalsnitt* 1234
Kuggprofil i transversalsnitt vid
  bakkon 3118
Kuggrygg 1221.1
Kuggstång 2171
Kuggstångs-verktyg* 2191
Kuggstångssats 2171.1
Kuggtalsförhållande* 1131
Kuggtjocklek i normalsnitt 2156
Kuggtjocklek i transversalsnitt 2147
Kuggtjocklek utefter grundcylindern
  i normalsnitt 2179.1
Kuggtjocklek utefter grundcylindern
  i transversalsnitt 2179
Kuggtopphöjd* 2132
Kuggtoppstjocklek 2156.1
Kuggtoppstorheter, kuggfotstorheter 4340
Kuggvidd 2165
Kuggväxel* 1113
Kuggväxel för nedväxling* 1133
Kuggväxel för uppväxling* 1134
Kuggväxel med innerkugg* 1226
Kuggväxel med ytterkugg* 1225

Lilla hjulet* 1122
Likbelägna flanker 1243
Linjer och ytor vid toroid 4110
Luckvidd i normalsnitt 2157
Luckvidd i transversalsnitt 2148

Masterhjul 1111.1
Medel-spiralvinkel 3176.2
Medelkon 3116.1
Medelkonlängd 3132.2
Mellanhjul 1125.1

S

Mitt-toroid 4312
Mittcirkel 4317
Mittcirkeldelning 4325
Mittcirkeldiameter 4213, 4324
Mittcirkel för toroid 4114
Mittcylinder 4212
Mittdiameter 4324
Mittlinje 2221
Modul 1214
Momentanaxel* 1431
Monteringsavstånd för koniskt
  kugghjul 3134
Motflanker 1241
Mothjul 1121
Motpart till referenskuggstång 2183
Motriktade flanker 1244

Nedväxlingsförhållande 1135
Normal-luckvidd* 2157
Normaldelning 2153
Normalflankspel 2225
Normalgrunddelning* 2178.1
Normalmodul 2154
Normalprofil 1235
Normalprofilvinkel* 2151

Obelastad flank* 1246
Orthocykloid* 1415
Oäkta pilkugg* 1266

Palloidkugg* 1268
Pilkugg 1267
Pinnhjul 2173
Pinnhjulssats 2173.1
Planethållare 1129
Planethjul 1128
Planethjulshållare* 1129
Planethjulssats 1119
Planetväxel* 1119
Planhjul 3171
Planhjul med konstant kugghöjd
  (för cylindriskt kuggdrev) 3172
Profil* 1233
Profilförskjutning 2186
Profilförskjutningsfaktor 2187
Profil i axialsnitt* 4221
Profilkontaktbåge 2235.1
Profilkontaktvinkel 2235
Profilkorrektion 1314.2
Profilkorrektion vid kuggfot* 1314.1
Profilkorrektion vid kuggtopp* 1314
Profil-mittlinje* 2185

Profilmodifikation* 1314.2
Progressiv ingreppssträcka* 2245
Progressivt ingrepp* 2243

Radie för toppränna 4328
Reduktionsväxel* 1133
Referens- ...* 1143
Referensaxelavstånd 2253
Referenscirkel* 2115
Referenscylinder* 2111
Referensdiameter* 2116
Referenshjul* 3171
Referenshjul med konstant kugghjöd* 2172
Referenskon* 3111
Referenskonspets* 3112
Referenskuggstång 2182
Referenslinje 2185
Referens- och huvuddimensioner 4320
Referensplan 2184
Referensprofil 2181
Referensyta* 1142
Regressiv ingreppssträcka* 2246
Regressivt ingrepp* 2244
Ringbredd 4326.1
Rotationsflankspel 2224, 4414
Rullning- ... 1144
Rullningsaxel 1431
Rullningscirkel 2115.1
Rullningscylinder 2112
Rullningsdiameter 2116.1
Rullningskon 3113
Rullningskonvinkel 3122
Rullningslinje* 1431
Rullningspunkt 2233
Rullningsyta 1141

Sfärisk evolvent 1419
Sfärisk evolventskruvyta 1422
Skenbart kuggtal 3119.2
Skruvlinje 1411
Skruvlinje på cylinder* 1411
Skruvlinje på mittcylindern 4214
Skruvväxel* 2215
Skärhjul 2192
Snedriktning 1413.1
Snedvinkel 1412
Snedvinkel vid delningscylindern 2124
Snedvinkel vid grundcylindern 2125
Snittlinje med rullningsyta* 1232
Snäcka 1325
Snäckfräs 2193
Snäckhjul 1326, 4122
Snäckhjulspar* 1327

S

Snäckhjulssats 1327
Snäckhjulssatser 4000
Snäcklängd 4215
Snäckväxel* 1327
Solhjul 1126
Spiralkugg* 1268
Spiralvinkel 3176
Språng 2247
Språngbåge 2236.1
Språngvinkel 2236
Standardmodul 1214.2
Stigning. 1414, 4222
Stigningsriktning* 1413.1
Stigningsvinkel 1413
Stigningsvinkel vid delningscylindern 2126
Stigningsvinkel vid grundcylindern 2127
Stora hjulet* 1123
Summa delningsradier* 2253
Summa ingreppstal 2237
Symmetriplan för toroid 4113

Toppavlättning 1314
Toppavstånd till konspets 3135.1
Toppcirkel 2117
Toppcirkel för koniskt kugghjul 3126
Toppcirkel i huvudaxialplan 4318
Toppcylinder 2113, 4314
Toppdiameter 2118, 4321
Toppdiameter för koniskt kugghjul 3127
Toppdiameter i huvudaxialplan 4322
Toppflank 1251
Topphöjd 2132
Topphöjd (ref. till mittcirkel) 4342
Topphöjd (ref. till rullningscirkel) 4343
Topphöjd för koniskt kugghjul 3142
Topphöjdsvinkel för koniskt kugghjul 3143
Toppkon 3114
Toppkonvinkel 3125
Topplinje 1221.2
Toppränna 4315
Toppyta 1221, 4313
Toroid 4111
Total kontaktbåge 2234.1
Total kontaktvinkel 2234
Transmissionsförhållande 1132
Transversaldelning 2143
Transversal-kuggtjocklek* 2147
Transversal-luckvidd* 2148

Transversalmodul 2145
Transversalprofil 1234
Transversal-profilvinkel i en punkt* 2141

Underskärning 1313
Underskärning pga verktygs-
  protuberans 1315
Uppväxlingsförhållande 1136
Utgångsingrepp 2244
Utgångsingreppssträcka 2246
Utväxling 1131, 4411

Varvtalsförhållande* 1132
Verksam kuggflank 1252
Verktygets ingreppsvinkel* 2194
Verktygets inställningsvinkel
  för kuggtjocklek 3191
Verktygsdelning 2195
Verktygsingreppsvinkel 2194
Verktygs-inerferens* 1313
Verktygsmodul 2196
Virtuellt cylindriskt kugghjul
  för ett koniskt kugghjul* 3119
Virtuellt kuggtal* 3119.2
Vänster snedkugg 1265
Vänsterflank 1242.1
Växelhjul 1111.2

X-hjul* 2189
X-hjulpar* 2252
X-noll-hjul* 2188
X-noll-hjulpar* 2251

Yttercylinder* 2113, 4314
Ytterdiameter* 4321
Ytterkugghjul 1223
Ytterkuggväxel* 1225
Yttre konlängd 3132
Yttre kugghöjd för koniskt kugghjul* 3141
Yttre spiralvinkel 3176.1
Yttre toppavstånd för koniskt kugghjul 3135

Äkta pilkugg* 1267
Ändavlättning 1317
Överlappning 2239

S

Esipuhe

Euroopassa toimivat hammasvaihteiden ja voimansiirtoalan muiden laitteiden valmistajien toimialaryhmät perustivat v. 1967 komitean nimeltään "Hammasvaihteiden ja voimansiirtoalan muiden laitteiden valmistajien Euroopankomitea", lyhyesti EUROTRANS.

Tämän komitean tavoitteena on:

a) toimialan yhteisten taloudellisten ja teknisten kysymysten tutkiminen
b) yhteisten etujen valvominen kansainvälisissä organisaatioissa
c) toimialan kehittäminen kansainvälisellä tasolla

EUROTRANS-komitea ei ole oikeuskelpoinen eikä toimi ansiotarkoituksessa.

EUROTRANS' in jäsenyhdistykset ovat:

Fachgemeinschaft Antriebstechnik im VDMA
Lyoner Straße 18, D-6000 Frankfurt/Main 71,

Servicio Tecnico Comercial de Constructores de Bienes de Equipo (SERCOBE) –
Grupo de Transmision Mecanica
Jorge Juan, 47, E-Madrid-1,

SYNECOT – Syndicat National des Fabricants d'Engrenages et Constructeurs
d'Organes de Transmission
9, rue des Celtes, F-95100 Argenteuil,

FABRIMETAL – groep 11/1 "Tandwielen, transmissie-organen" Lakenweversstraat 21, B-1050 Brussel,

BGMA – British Gear Manufacturers Association
301 Glossop Road, GB – Sheffield S 102 HN,

ASSIOT – Associazione Italiana Costruttori Organi di Trasmissione e Ingranaggi
Via Moscova 46/5, I-20121 Milano,

FME – Federatie Metaal en Electrotechnische Industrie
NL-2700 Zoetermeer, Postbus 190,

Sveriges Mekanförbund
Storgatan 19, S-11485 Stockholm,

Suomen Metalliteollisuuden Keskusliitto Voimansiirtoryhmä
Eteläranta 10, SF-00130 Helsinki 13.

EUROTRANS on nyt saanut valmiiksi ensimmäisen osan viisiosaisesta kahdeksankielisestä (saksa, espanja, ranska, englanti, italia, hollanti, ruotsi ja suomi) hammaspyöriä, hammasvaihteita ja muita voimansiirtolaitteita koskevasta sanakirjasta.

Tämän sanakirjan ensimmäisen osan on laatinut EUROTRANS-työryhmä herra
G Henriot' in johdolla. Työryhmän ovat muodostaneet edustajat Saksasta, Espan-
jasta, Ranskasta, Englannista, Italiasta, Hollanista, Ruotsista ja Suomesta. Kirja
tulee helpottamaan keskinäistä kansainvälistä kanssakäyntiä hammaspyöräalalla ja
tarjoamaan kaikissa näissä maissa alalla toimiville, samanlaisia tehtäviä hoitaville
henkilöille mahdollisuuden oppia ymmärtämään toisiaan paremmin.

SF

Johdanto

Tämä sanakirja on jaettu kahteen osaan:

Ensimmäisessä osassa on termien aakkosellinen hakemisto, myös synonyymit, kahdeksalla kielellä (saksa, espanja, ranska, englanti, italia, hollanti, ruotsi ja suomi).

Toisessa osassa on sanasto em. kielillä. Sanaston koodinumerot perustuvat ISO-suositukseen R 1122 lokakuulta 1969 ja sen 2. lisäykseen syyskuulta 1972.

Sanakirjassa on jokaisen kuvan jälkeen termi kahdeksalla kielellä. Jokainen otsake alkaa koodinumerolla.

Etsittäessä jollekin hakusanalle vastinetta muilla sanakirjan kielillä, katsotaan hakusanan koodinumero kyseisestä hakemistosta. Tämän numeron avulla löytyy käännös sanastosta.

Sama menettelytapa pätee synonyymeihin, jotka on merkitty tähdellä*. Jos jonkin sanan kohdalla aakkosellisessa hakemistossa on useampia numeroita, se käännetään eri tavoin asiayhteydestä riippuen.

Esimerkki: "Tynnyrimäisyys"

Etsitään sana suomalaisesta hakemistosta. Sanan jälkeen on merkitty koodinumero 1316.

Nyt etsitään sanastosta numero 1316. Kuvan jälkeen ovat termit:

saksaksi	— Breitenballigkeit
espanjaksi	— Bombeado
ranskaksi	— Bombé Longitudinal
englanniksi	— Barreling
italiaksi	— Bombatura trasversale
hollanniksi	— Breedtewelving
ruotsiksi	— Bombering
suomeksi	— Tynnyrimäisyys

Akselietäisyys* 1117
Akselietäisyys* 1117.1
Akselikulma 1118
Akseliväli 1117
Akseliväli 1117.1
Akselivälin korjauskerroin 2256
Aksiaalijako 2129
Aksiaalijako, kierukka 4223
Aksiaalimoduuli, kierukka 4224
Aksiaaliprofiili 1236
Aksiaaliprofiili, kierukka 4221
Alennusvaihde 1133
Alentava vaihde* 1133
Alentava välityssuhde 1135
Archimedeen kierremuoto* 4231
Asennusetäisyys, kartiohammaspyörä 3134
Asennustaso, kartiohammaspyörä 3133
Aurinkopyörä 1126

Bombeeraus* 1316

Circular pitch 1214.4

Diametral pitch 1214.3
Diametral pitch normaalileikkauksessa 2155
Diametral pitch otsaleikkauksessa 2146

Elliptiset hammaspyörät 1259
Ennakko* 2247
Ennakkoryntösuhde* 2239
Episykloidi 1416
Erinimiset kyljet* 1244
Eturyntö* 2243
Evolventtifunktio 1418.1
Evolventtipinta 1421
Evolventtinen lieriöhammaspyörä 2174

Globoidikierukka 1325.2
Globoidikierukka 4124
Globoidikierukkapyörä 1326.1
Globoidikierukkapyörä 4125
Globoidikierukkapyöräpari 4126
Globoidiruuvi* 1325.2

Globoidiruuvi* 4124
Globoidiruuvipyörä* 1326.1
Globoidiruuvipyörä* 4125
Globoidiruuvipyöräpari* 4126

Halkaisijakerroin 4226
Hammas 1211
Hammasaukko 1212
Hammasaukon leveys normaalileikkauksessa 2157
Hammasaukon leveys otsaleikkauksessa 2148
Hammasaukon tyvipinta 1222.1
Hammaskehä 1123.1
Hammaskulma 3146
Hammasloven leveys jakopinnalla* 2157
Hammasloven leveys otsaleikkauksessa* 2148
Hammasloven tyvipinta* 1222.1
Hammaslovi* 1212
Hammaslukusuhde 1131
Hammaslukusuhde 4411
Hammasmuodon korjaus 1314.2
Hammasprofiili 1233
Hammaspyörä 1111
Hammaspyörä ilman profiilinsiirtoa 2188
Hammaspyöräpari 1112
Hammaspyöräpari, jossa negatiivinen profiilinsiirto 2255.1
Hammaspyöräpari, jossa positiivinen profiilinsiirto 2255
Hammaspyörästö 1113
Hammastamistyökalu 2190
Hammastanko 2171
Hammastankovälitys 2171.1
Hammastuksen ylimitta* 2165
Hammastus 1210
Hammasvälimitta 2165
Hampaan aukkokulman puolikas, kartiohammaspyörä 3159
Hampaan jännemitta normaalileikkauksessa 2161
Hampaan korkeus 2131
Hampaan korkeus, kierukka 4227
Hampaan korkeus, kierukkapyörä 4341
Hampaan kylki 1231
Hampaan leveys 2119

SF

Hampaan lovikulman puolikas* 3159
Hampaan paksuus normaalileikkauksessa 2156
Hampaan paksuus otsaleikkauksessa 2147
Hampaan paksuus peruspinnalla normaalileikkauksessa 2179.1
Hampaan paksuus peruspinnalla otsaleikkauksessa 2179
Hampaan paksuus pääpinnalla normaalileikkauksessa 2156.1
Hampaan paksuuskulman puolikas, kartiohammaspyörä 3158
Hampaan pääpinta 1221.1
Hampaan teräväksituloraja 2156.2
Hampaan työkorkeus 2222
Hampaan työkorkeus h, kierukkapyöräpari 4412
Helikonpyöräpari* 2215
Hypoidiakseli 1330
Hypoidipyörä 1329
Hypoidipyöräpari 1328
Hyposykloidi 1417

Ideaalinen hammasluku* 3119.2
Ideaalinen hammaspyörä* 3119
I-kierremuoto* 4234
Iso hypoidipyörä* 1329
Iso pyörä 1123

Jako 1143, 4220
Jakogloboidi 4312
Jakohalkaisija 2116
Jakohalkaisija, kierukka 4213
Jakohalkaisija, kierukkapyörä 4324
Jakokartio 3111
Jakokartiokulma 3121
Jakokartion kärki 3112
Jakokulma 2144
Jakolieriö 2111
Jakolieriö, kierukka 4212
Jakopinta 1142
Jakoruuviviiva 2121
Jakoruuviviiva 4214
Jakosuora 2185
Jakotaso 2184
Jakoympyrä 2115
Jakoympyrä, kierukkapyörä 4317
Jalkakartio* 3114.1
Jalkakartio* 3116
Jalkakartiokulma* 3125.1
Jalkakorkeus* 2133
Jalkakorkeus, kierukka* 4229
Jalkakorkeus, kierukkapyörä* 4340

Jalkakorkeus jakoympyrään nähden* 4344
Jalkakulma* 3145
Jalkakylki* 1251.1
Jalkalieriö* 2113.1
Jalkaympyrä* 2117.1
Jalkaympyrä, kierukkapyörä* 4319

Kaarihammastus 1268
Kaarihampainen kartiohammaspyörä 3173.1
Kaarikulma 3176
Kaarikulma keskellä 3176.2
Kaarikulma ulkoreunalla 3176.1
Kaksoisvinohammastus 1266
Kampaterä 2191
Kartiohammaspyörä 1322
Kartiohammaspyörän hampaan korkeus 3141
Kartiohammaspyörän hampaan leveys 3131
Kartiohammaspyörän jakohalkaisija 3124
Kartiohammaspyörän jakoympyrä 3123
Kartiohammaspyörän päähalkaisija 3127
Kartiohammaspyörän pääkorkeus 3142
Kartiohammaspyörän pääympyrä 3126
Kartiohammaspyörän tehollinen hammasleveys 3131.1
Kartiohammaspyörän tyvihalkaisija 3127.1
Kartiohammaspyörän tyvikorkeus 3144
Kartiohammaspyörän tyviympyrä 3126.1
Kartiohammaspyöräpari 1324
Kartiomainen ruuvipyöräpari* 1328
Kartiomaisen ruuvipyöräparin iso pyörä* 1329
Kartiomaisen ruuvipyöräparin pieni pyörä* 1330
Kartion sivun pituus hammastuksen keskelle 3132.2
Kartion sivun sisäpituus 3132.1
Kartion sivun ulkopituus 3132
Kehäpyörä 1127
Kehän leveys 4326.1
Keskikartio 3116.1
Keskitaso 4311
Keskiviiva 2221
Ketjupyörä 1331
Ketjupyöräakseli 1331.1
Kierre 4211
Kierremuodot 4230
Kierremuoto ZA 4231
Kierremuoto ZI 4234
Kierremuoto ZK 4233
Kierremuoto ZN 4232
Kierrepituus 4215
Kierukan hammasluku* 4211.1
Kierukan hammastus* 4211

Kierukan hammastuksen pituus* 4215
Kierukka 1325
Kierukka 4121
Kierukkapyörä 1326
Kierukkapyörä 4122
Kierukkapyöräpari 1327
Kierukkapyöräpari 4000
Kierukkapyöräpari 4123
Kierukkapyöräparien ja
-pyörien termit 4120
K-kierremuoto* 4233
Kokonaishammasluku 3119.1
Kokonaisryntökaari 2234.1
Kokonaisryntökulma 2234
Kokonaisryntösuhde 2237
Korottava vaihde* 1134
Kuormitettu kylki* 1245
Kuormittamaton kylki* 1246
Kylkiprofiili 1233.1
Kylkiviiva 1232
Kylkiviivojen risteilyetäisyys 3174
Kylkivälys, kierukkapyöräpari 4414
Kätisyys 1413.1
Käyntimoduuli 1214.1
Käyrähampainen kartio-
hammaspyörä* 3173.1
Käyrähammastus* 1268
Käytettävä pyörä 1125
Käyttävä pyörä 1124
Käyttökelpoinen kylki 1253

Lautaspyörä* 1322
Lautaspyörän hampaan korkeus* 3141
Lautaspyörän hampaan leveys* 3131
Lautaspyörän jakohalkaisija* 3124
Lautaspyörän jakoympyrä* 3123
Lautaspyörän jalkakorkeus* 3144
Lautaspyörän jalkaympyrä* 3126.1
Lautaspyörän pääkorkeus* 3142
Lautaspyörän pääympyrä* 3126
Lautaspyörän tehollinen
hammasleveys* 3131.1
Lautaspyörän tyvihalkaisija* 3127
Leikkaava-akselinen
hammaspyöräpari 1115
Leveyskulma 4327.1
Lieriöhammaspyörä 1321
Lieriöhammaspyöräpari 1323
Lieriömäinen kierukka 1325.1
Lieriömäinen ruuvi* 1325.1
Lieriömäinen ruuvipyöräpari 2215

Maag-mitta* 2165
Mallihammaspyörä* 1111.1

Masterpyörä* 1111.1
Mittakorkeus 2162
Moduuli 1214
Muotoluku* 4226

N-kierremuoto* 4232
Nollapyörä* 2188
Nollapyöräpari* 2251
Nollapyöräpari perusakselivälillä* 2254
Normaalijako 2153
Normaalikylkivälys 2225
Normaalimoduuli 2154
Normaaliperusjako 2178.1
Normaaliprofiili 1235
Normaaliryntökulma 2152
Normaaliryntökulma pisteessä y 2151
Nousu 1414
Nousu, kierukka 4222
Nousu, ruuvi* 4222
Nousukulma 1413
Nousukulma 2126
Nousukulma peruspinnalla 2127
Nuolihammastus 1267

Oikea kylki 1242
Oikeakätinen hammastus 1264
Oktoidihammaspyörä 3175
Otsajako 2143
Otsajako, kierukkapyörä 4325
Otsajako, ruuvipyörä* 4325
Otsamoduuli 2145
Otsaperusjako 2178
Otsaprofiili 1234
Otsaprofiili takakartiolla 3118
Otsaryntökulma 2142
Otsaryntökulma pisteessä y 2141

Palloevolventti 1419
Palloevolventtipinta 1422
Palloidihampainen kartio-
hammaspyörä* 3173.1
Palloidihammastus* 1268
Peitto 2247
Peittokaari 2236.1
Peittokulma 2236
Peittosuhde 2239
Perusakseliväli 2253
Perushalkaisija 2177
Perushammaspyörä 1311
Perushammastanko 2182
Peruslieriö 2176
Perusprofiili 2181
Perusruuviviiva 2123

Perusympyrä	2175		Ruuvipyöräpari*	1327
Pieni hypoidipyörä*	1330		Ruuvipyöräpari*	4000
Pieni pyörä	1122		Ruuvipyöräparien ja -pyörien termit*	4120
Pistopyörä	2192		Ruuviviiva	1411
Pituushelpotus	1317		Ryntöinterferenssi	1312
Planeettakannattaja	1129		Ryntöjana	2232
Planeettapyörä	1128		Ryntöpinta	2241
Planeettapyörästö	1119		Ryntöpiste	2231.1
Pohjavälys*	2223		Ryntöpituus	2242
Pohjavälys, kierukkapyörä*	4413		Ryntöpituus*	2232
Profiiliryntökaari	2235.1		Ryntöpuoli*	2231.1
Profiiliryntökulma	2235		Ryntösuhde	2230
Profiilinsiirretty hammaspyörä	2189		Ryntösuhde	2238
Profiilinsiirretty hammaspyöräpari	2252		Ryntöviiva	2231
Profiilinsiirretty hammaspyöräpari			Rällipyörä*	1322
perusakselivälillä	2254		Rällipyörän hampaan korkeus*	3141
Profiilinsiirto	2186		Rällipyörän hampaan leveys*	3131
Profiilinsiirtokerroin	2187		Rällipyörän jakohalkaisija*	3124
Protuberanssi*	1315		Rällipyörän jakoympyrä*	3123
Pyöräpari ilman profiilinsiirtoa	2251		Rällipyörän jalkakorkeus*	3144
Pääetäisyys kartio kärkeen,			Rällipyörän jalkaympyrä*	3126.1
kartiohammaspyörä	3135.1		Rällipyörän pääkorkeus*	3142
Pääglobodi	4315		Rällipyörän pääympyrä*	3126
Pääglobodisäde	4328		Rällipyörän tehollinen hammasleveys*	3131.1
Päähalkaisija	2118		Rällipyörän tyvihalkaisija*	3127
Päähalkaisija, kierukkapyörä	4322		Rällipyöräpari*	1324
Päähelpotus	1314			
Pääkartio	3114			
Pääkartiokulma	3125		Samannimiset kyljet*	1243
Pääkorkeus	2132		Samanpuoleiset kyljet	1243
Pääkorkeus, kierukka	4228		Sisähammaspyörä	1224
Pääkorkeus, kierukkapyörä	4340		Sisähammaspyöräpari	1226
Pääkorkeus jakoympyrään nähden,			Sisäkartio	3116
kierukkapyörä	4342		Sisäpuolinen hammaspyörä*	1224
Pääkulma, kartiohammaspyörä	3143		Sisäpuolinen hammaspyöräpari*	1226
Pääkylki	1251		Sorvauskartio*	3114
Päälieriö	2113		Spiraalihammastus*	1268
Pääluku	4211.1		Spiraalihampainen kartio-	
Pääpinta	1221		hammaspyörä*	3173.1
Pääpinta, kierukkapyörä	4313		Standardimoduuli	1214.2
Pääryntö	2244		Suorahampainen kartiohammaspyörä	1262
Pääryntöpituus	2246		Suorahampainen lieriöhammaspyörä	1261
Pääviiva	1221.2		Suorahampainen (evolventti)	
Päävälys*	2223		lieriöhammaspyöräpari	2213
Päävälys, kierukkapyörä*	4413		Suorahampainen rällihammaspyörä*	1262
Pääympyrä	2117		Suuri hammaspyörä*	1123
Pääympyrä, kierukkapyörä	4318		Sykloidi	1415
			Sykloidihammaspyörä	2172
			Sykloidihammaspyöräpari	2172.1
Redusoitu hammasluku	3119.2		Särmäryntö*	1312
Redusoitu hammaspyörä	3119			
Ristikkäisakselinen hammaspyöräpari	1116			
Ruuvi*	1325		Takakartio	3115
Ruuvi*	4121		Takapinta*	3133
Ruuvipyörä*	1326		Takapintamitta*	3134
Ruuvipyörä*	4122		Takaryntö*	2244

Tappihammaspyörä	2173	Ulkolieriö, kierukkapyörä	4314
Tappihammaspyöräpari	2173.1	Ulkopuolinen hammaspyörä*	1223
Tasopyörä	3171	Ulkopuolinen hammaspyöräpari*	1125
Tasopyörä, jossa vakio		Ulompi pääetäisyys,	
hammaskorkeus	3172	kartiohammaspyörä	3135
Tehollinen hammasleveys	2119.1		
Tehollinen hammasleveys,			
kierukkapyörä	4326	Vaihtohammaspyörä	1111.2
Tehollinen kylki	1252	Vaippakartio*	3114
Tehollinen leveyskulma	4327	Vaippakartiokulma*	3125
Terän diametral pitch	2197	Vakiojännemitta	2163
Terän jako	2195	Vakiojännemitan mittakorkeus	2164
Terän moduuli	2196	Vapaakyljet	1246
Teräryntökulma	2194	Vasen kylki	1242.1
Torus	4111	Vasenkätinen hammastus	1265
Toruksen keskitaso	4113	Vastahammastanko	2183
Toruksen keskiympyrä	4114	Vastakartio*	3115
Toruksen muodostava ympyrä	4112	Vastakkaiset kyljet	1244
Toruksen sisäympyrä	4115	Vastakyljet	1241
Toruksen viivat ja pinnat	4110	Vastapyörä	1121
Tulkkihammaspyörä	1111.1	Vedetty pyörä*	1125
Tynnyrimäisyys	1316	Vetävä pyörä*	1124
Tyven työstökevennys	1315	Vierintä	1144
Tyvigloboidi	4316	Vierintäakseli	1431
Tyvihalkaisija	2118.1	Vierintäjyrsin	2193
Tyvihalkaisija, kierukkapyörä	4323	Vierintähalkaisija	2116.1
Tyvihelpotus	1314.1	Vierintäkartio	3113
Tyvikartio	3114.1	Vierintäkartiokulma	3122
Tyvikartiokulma	3125.1	Vierintäkylkivälys	2224
Tyvikorkeus	2133	Vierintälieriö	2112
Tyvikorkeus, kierukka	4229	Vierintäpinta	1141
Tyvikorkeus, kierukkapyörä	4340	Vierintäpiste	2233
Tyvikorkeus jakoympyrään nähden	4344	Vierintäruuviviiva	2122
Tyvikulma, kartiohammaspyörä	3145	Vierintätyökalu	2190.1
Tyvikylki	1251.1	Vierintäympyrä	2115.1
Tyvilieriö	2113.1	Viistohampainen hammaspyörä*	1263
Tyvilovi	1313	Viistohampainen lieriö-	
Tyvipinta	1222	hammaspyöräpari*	2214
Tyvipyöristyspinta	1254	Viistohampainen rällihammaspyörä*	3173
Tyviryntö	2243	Viistouskulma*	1412
Tyviryntöpituus	2245	Viistouskulma*	2124
Tyvivälys	2223	Viistouskulma peruspinnalla*	2125
Tyvivälys, kierukkapyöräpari	4413	Vinohampainen kartiohammaspyörä	3173
Tyviympyrä	2117.1	Vinohampainen lieriöhammaspyörä	1263
Tyviympyrä, kierukkapyörä	4319	Vinohampainen lieriö-	
Työkyljet	1245	hammaspyöräpari	2214
Työntökulma	3191	Vinous*	1413.1
		Vinouskulma	1412
		Vinouskulma	2124
Ulkohalkaisija*	2118	Vinouskulma*	3176
Ulkohalkaisija, kierukkapyörä	4321	Vinouskulma keskellä*	3176.2
Ulkohalkaisija, kierukkapyörä*	4322	Vinouskulma peruspinnalla	2125
Ulkohammaspyörä	1223	Vinouskulma ulkoreunalla*	3176.1
Ulkohammaspyöräpari	1225	Vinouspeitto*	2247
Ulkokartio*	3114	V-nollapyöräpari*	2252
Ulkokartiokulma*	3125	V-nollapyöräpari perusakselivälillä*	2254

V-pyöräpari*	2252	Yhdensuuntaisakselinen	
V-pyöräpari, jossa negatiivinen		hammaspyöräpari	1114
profiilinsiirto*	2255.1	Ylennysvaihde	1134
V-pyöräpari, jossa positiivinen		Ylentävä välityssuhde	1136
profiilinsiirto*	2255	Ympyräevolventti	1418
Välihammaspyörä	1125.1		
Välityssuhde	1132		

Glossar	D
Diccionario	E
Glossaire	F
Glossary	GB
Glossario	I
Glossarium	NL
Ordbok	S
Sanasto	SF

1111		D Zahnrad E Rueda dentada F Roue (d'engrenage) GB (Gear) Wheel I Ruota dentata NL Tandwiel S Kugghjul SF Hammaspyörä
1111.1		D Lehrzahnrad E Rueda patrón F Roue étalon GB Master gear I Ingranaggio campione NL Meettandwiel S Masterhjul SF Tulkkihammaspyörä
1111.2		D Wechselrad E Rueda inversora F Roue d'assortiment GB Change gear I Ingranaggio del cambio NL Wisselwiel S Växelhjul SF Vaihtohammaspyörä
1112		D Zahnradpaar E Engranaje F Engrenage GB Gear pair I Coppia di ingranaggi NL Enkelvondig tandwielstel S Kugghjulspar SF Hammaspyöräpari
1113		D Getriebezug E Tren de engranajes F Train d'engrenages GB Gear train I Treno di ingranaggi NL Meervoudig tandwielstel S Kugghjulssats SF Hammaspyörästö

1114		D Radpaar mit parallelen Achsen E Engranaje de ejes paralelos F Engrenage parallèle GB Parallel gears I Ingranaggi ad assi paralleli NL Tandwielstel met evenwijdige hartlijnen S Hjulpar med parallella axlar SF Yhdensuuntaisakselinen hammaspyöräpari
1115		D Radpaar mit sich schneidenden Achsen E Engranaje de ejes concurrentes F Engrenage concourant GB Gear pair with intersecting axes I Ingranaggi ad assi intersecanti NL Tandwielstel met snijdende hartlijnen. S Hjulpar med skärande axlar SF Leikkaava-akselinen hammaspyöräpari
1116		D Radpaar mit sich kreuzenden Achsen E Engranaje hipoide F Engrenage gauche GB Gear pair with nonparallel, non-intersecting axes I Ingranaggi ad assi sghembi NL Tandwielstel met kruisende hartlijnen S Hjulpar med korsande axlar SF Ristikkäisakselinen hammaspyöräpari
1117		D Achsabstand E Distancia entre ejes F Entraxe GB Centre distance I Interasse NL Hartafstand S Axelåvstand SF Akseliväli
1117.1		D Achsversatz E Separación de ejes F Désaxage GB Offset I Disassamento NL Hartlijnafwijking S Axelförskjutning SF Akseliväli

1118		D Achsenwinkel

1118		D Achsenwinkel E Angulo de ejes F Angle des axes GB Shaft angle I Angolo tra gli assi NL Ashoek S Axelvinkel SF Akselikulma
1119		D Planeten-Getriebezug E Tren planetario F Train planétaire GB Planetary gear train I Treno ingranaggi a planetari NL Planeetoverbrenging S Planethjulsats SF Planeettapyörästö
1121		D Gegenrad [Rad (2) ist Gegenrad von Rad (1)] E Rueda conjugada F Roue conjuguée [Roue (2) est la roue conjugée de la roue (1)] GB Mating gear I Ruota coniugata [ruota (2) coniugata della ruota (1)] NL Tegenwiel [wiel (2) is tegenwiel van wiel (1)] S Mothjul SF Vastapyörä [pyörä (2) on (1): n vastapyörä]
1122		D Ritzel E Piñón F Pignon GB Pinion I Pignone NL Rondsel S Drev SF Pieni pyörä
1123		D Großrad E Rueda F Roue GB (Gear) Wheel US Gear I Ruota NL Wiel S Kugghjul SF Iso pyörä

1123.1		D Zahnkranz E Corona F Couronne GB Gear rim I Corona dentata NL Ringwiel S Kuggkrans SF Hammaskehä
1124	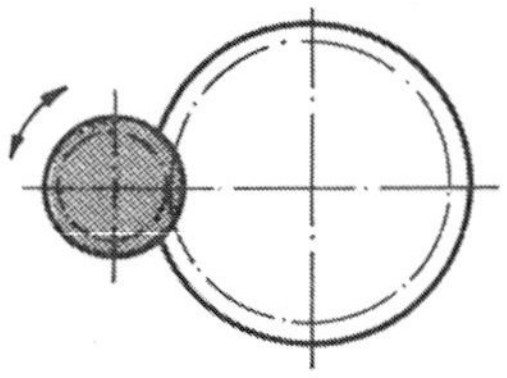	D Treibendes Rad E Rueda motriz F Roue menante GB Driving gear I Ingranaggio motore NL Drijvend wiel S Drivande hjul SF Käyttävä pyörä
1125	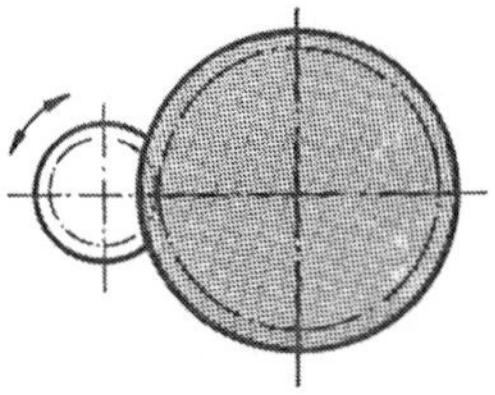	D Getriebenes Rad E Rueda conducida F Roue menée GB Driven gear I Ruota condotta NL Gedreven wiel S Drivet hjul SF Käytettävä pyörä
1125.1	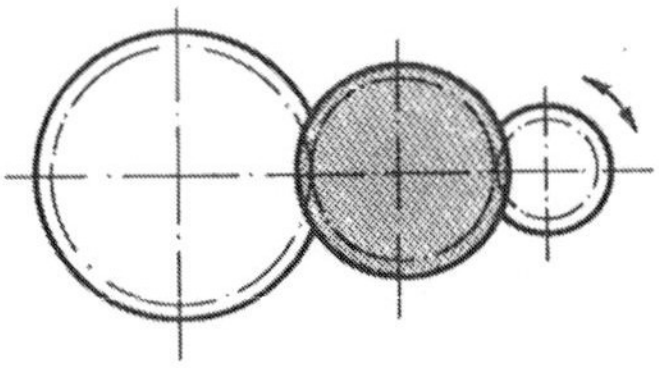	D Zwischenrad E Rueda intermedia F Roue intermédiaire GB Idler Gear I Ruota intermedia NL Tussenwiel S Mellanhjul SF Välihammaspyörä
1126	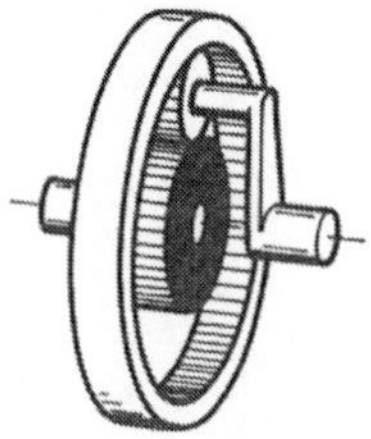	D Sonnenrad E Rueda solar F Roue solaire GB Sun wheel I Ruota solare NL Zonnewiel S Solhjul SF Aurinkopyörä

1127		D Hohlrad eines Planetengetriebes E Corona interior F Couronne GB Annulus I Corona interna per planetari NL Ringwiel van planeetoverbrenging S Annulus ring SF Kehäpyörä
1128		D Planetenrad E Piñón satélite F (Roue) Satellite GB Planet gear I Planetario NL Planeetwiel S Planethjul SF Planeettapyörä
1129		D Planetenträger E Portasatélites F Châssis GB Planet carrier I Crociera porta planetari NL Planeetdrager S Planethållare SF Planeettakannattaja
1131	$$u = \frac{z_2}{z_1} = \frac{n_1}{n_2} \qquad \frac{z_1}{z_2} = \frac{n_2}{n_1}$$	D Zähnezahlverhältnis E Relación de engranaje F Rapport d'engrenage GB Gear ratio I Rapporto fra il numero di denti NL Tandentalverhouding S Utväxling SF Hammaslukusuhde
1132	$$i = \frac{n_a}{n_b}$$	D Übersetzung E Relación de transmisión F Rapport de transmission GB Transmission ratio I Rapporto di trasmissione NL Overbringverhouding S Transmissionsförhållande SF Välityssuhde

1133		D Radpaar mit Übersetzung ins Langsame E Engranaje reductor F Engrenage ou train réducteur GB Speed reducing gears I Coppia di ingranaggi di riduzione NL Vertragende tandwieloverbrenging S Hjulpar för nedväxling SF Alennusvaihde
1134		D Radpaar mit Übersetzung ins Schnelle E Engranaje multiplicador F Engrenage ou train multiplicateur GB Speed increasing gears I Coppia di ingranaggi di moltiplicazione NL Versnellende tandwieloverbrenging S Hjulpar för uppväxling SF Ylennysvaihde
1135	$i > 1$	D Übersetzung ins Langsame E Relación de reducción F Rapport de réduction GB Speed reducing ratio I Rapporto di riduzione NL Vertragingsverhouding S Nedväxlingsförhållande SF Alentava välityssuhde
1136	$i < 1$	D Übersetzung ins Schnelle E Relación de multiplicación F Rapport de multiplication GB Speed increasing ratio I Rapporto di moltiplicazione NL Versnellingsverhouding S Uppväxlingsförhållande SF Ylentävä välityssuhde
1141		D Wälzfläche E Superficie primitiva de funcionamiento F Surface primitive de fonctionnement GB Pitch surface US Operating pitch cylinder I Superficie primitiva di rotolamento NL Roloppervlak S Rullningsyta SF Vierintäpinta

1142		D Teilfläche E Superficie primitiva de referencia F Surface primitive de référence GB Reference surface I Superficie primitiva NL Referentie-oppervlak, steekoppervlak S Delningsyta SF Jakopinta
1143		D Teil . . . E . . . de referencia F . . . de référence GB Reference . . . I . . . di riferimento NL Referentie . . ., Steek . . . S Delnings . . . SF Jako . . .
1144		D Wälz . . . E . . . de funcionamiento F . . . de fonctionnement GB Working . . . I . . . di funzionamento NL Rol . . . S Rullnings . . . SF Vierintä . . .
1210		D Verzahnung E Dentado F Denture GB Gear teeth I Dentatura NL Vertanding S Kuggar SF Hammastus
1211		D Zahn E Diente F Dent GB Tooth I Dente NL Tand S Kugg SF Hammas

1212		D Zahnlücke E Hueco entre dientes F Entredent GB Tooth space I Vano fra due denti contigui NL Tandkuil S Kugglucka SF Hammasaukko
1214	$m = \dfrac{d}{z}$	D Modul E Módulo F Module GB Module I Modulo NL Modulus S Modul SF Moduuli
1214.1		D Lauf-Modul E Módulo aparente F Module de fonctionnement GB Working module I Modulo di funzionamento NL Bedrijfsmodulus S Driftmodul SF Käyntimoduuli
1214.2		D Norm-Modul E Módulo normal F Module normalisé GB Standard module I Modulo normalizzato (normale) NL Genormaliseerde modulus S Standardmodul SF Standardimoduuli
1214.3	$P = \dfrac{z}{d}$	D Diametral Pitch E Paso diametral F Diametral pitch GB Diametral pitch I Diametral pitch NL Diametral pitch S Diametral pitch SF Diametral pitch

1214.4	P	D Circular Pitch E Paso circunferencial F Circular pitch GB Circular pitch I Circular pitch NL Circular pitch S Cirkulär pitch SF Circular pitch
1221		D Kopfmantelfläche E Superficie de cabeza F Surface de tête GB Tip surface I Superficie inviluppante (esterna) di testa NL Topmanteloppervlak S Toppyta SF Pääpinta
1221.1		D Kopffläche E Superficie de cabeza del diente F Surface de tête de dent GB Tooth crest I Superficie esterna di testa del dente NL Topvlak S Kuggrygg SF Hampaan pääpinta
1221.2		D Kopfkante E Arista de cabeza de diente F Sommet de dent GB Tooth tip I Spigolo di testa del dente NL Topkant S Topplinje SF Pääviiva
1222		D Fußmantelfläche E Superficie de pie F Surface de pied GB Root surface I Superficie inviluppante di fondo NL Voetmanteloppervlak S Bottenyta SF Tyvipinta

1222.1		D Zahnlückengrund E Superficie de fondo del diente F Surface de pied de dent GB Tooth root surface I Superficie di fondo del dente NL Voetoppervlak S Kuggluckas bottenyta SF Hammasaukon tyvipinta
1223		D Außenrad E Rueda dentada exterior F Roue à denture extérieure GB External gear I Ingranaggio a dentatura esterna NL Tandwiel met uitwendige vertanding S Ytterkugghjul SF Ulkohammaspyörä
1224		D Hohlrad E Rueda dentada interior F Roue à denture intérieure GB Internal gear I Ingranaggio a dentatura interna NL Tandwiel met inwendige vertanding S Innerkugghjul SF Sisähammaspyörä
1225		D Außenradpaar E Engranaje exterior F Engrenage extérieur GB External gear pair I Coppia di ingranaggi esterni NL Tandwielstel met uitwendige vertanding S Hjulpar med ytterkugg SF Ulkohammaspyöräpari
1226		D Innenradpaar E Engranaje interior F Engrenage intérieur GB Internal gear pair I Coppia di ingranaggi interni NL Tandwielstel met inwendige vertanding S Hjulpar med innerkugg SF Sisähammaspyöräpari

1231		D Zahnflanke E Flanco F Flanc GB Tooth flank I Fianco del dente NL Tandflank S Kuggflank SF Hampaan kylki
1232		D Flankenlinie E Línea de flanco F Ligne de flanc GB Tooth trace I Linea del fianco dente NL Flanklijn S Flanklinje SF Kylkiviiva
1233		D Zahnprofil E Perfil del diente F Profil de dent GB Tooth profile I Profilo del dente NL Tandprofiel S Kuggprofil SF Hammasprofiili
1233.1		D Flankenprofil E Perfil del flanco F Profil de flanc GB Flank profile I Profilo del fianco NL Flankprofiel S Flankprofil SF Kylkiprofiili
1234		D Stirnprofil E Perfil aparente F Profil apparent GB Transverse profile I Profilo trasversale (apparente) NL Transversaalprofiel S Transversalprofil SF Otsaprofiili

1235		D Normalprofil E Perfil normal F Profil réel GB Normal profile I Profilo normale NL Normaalprofiel S Normalprofil SF Normaaliprofiili
1236		D Axialprofil E Perfil axial F Profil axial GB Axial profile I Profilo assiale NL Axiaalprofiel S Axialprofil SF Aksiaaliprofiili
1241		D Gegenflanken E Flancos conjugados F Flancs conjugués GB Mating flanks I Fianchi coniugati NL Samenwerkende flanken, Tegenflanken S Motflanker SF Vastakyljet
1242		D Rechtsflanke E Flanco derecho F Flanc de droite GB Right flank I Fianco destro NL Rechter flank S Högerflank SF Oikea kylki
1242.1		D Linksflanke E Flanco izquierdo F Flanc de gauche GB Left flank I Fianco sinistro NL Linker flank S Vänster-flank SF Vasen kylki

1243		D Gleichgerichtete Flanken E Flancos homólogos F Flancs homologues GB Corresponding flanks I Fianchi (omologhi) con eguale orientamento NL Overeenkomstige flanken S Likbelägna flanker SF Samanpuoleiset kyljet
1244		D Gegengerichtete Flanken E Flancos opuestos F Flancs anti-homologues GB Opposite flanks I Fianchi opposti NL Tegengestelde flanken S Motriktade flanker SF Vastakkaiset kyljet
1245		D Arbeitsflanken E Flancos de trabajo F Flancs avants GB Working flanks I Fianchi di lavoro NL Dragende flanken S Arbetsflanker SF Työkyljet
1246		D Rückflanken E Flancos posteriores F Flancs arrières GB Non-working flanks I Fianchi posteriori (senza carico) NL Niet-dragende flanken S Bakflanker SF Vapaakyljet
1251		D Kopfflanke E Flanco de cabeza F Flanc de saillie GB Addendum flank I Addendum del fianco NL Kopflank S Toppflank SF Pääkylki

1251.1		D Fußflanke E Flanco de pie F Flanc de creux GB Dedendum flank I Dedendum del fianco NL Voetflank S Fotflank SF Tyvikylki
1252		D Aktive Flanke E Flanco activo F Flanc actif GB Active flank I Fianco attivo NL Ingrijpflank S Verksam kuggflank SF Tehollinen kylki
1253		D Nutzbare Flanke E Flanco util F Flanc utilisable GB Usable flank I Fianco utilizzabile NL Bruikbare flank S Användbar kuggflank SF Käyttökelpoinen kylki
1254		D Fußrundungsfläche E Acuerdo de fondo del diente F Flanc de raccord GB Fillet surface I Raccordo di piede dente NL Voetafronding S Bottenflank SF Tyvipyöristyspinta
1259		D Elliptische Stirnräder E Engranaje eliptico F Engrenage elliptique GB Elliptical gears I Ingranaggi ellittici NL Elliptische tandwielen S Elliptiska kugghjul SF Elliptiset hammaspyörät

1261		D Geradstirnrad E Rueda cilíndrica recta F Roue cylindrique droite GB Spur gear I Ruota cilindrica a denti diritti NL Recht cilindrisch tandwiel S Cylindriskt kugghjul med rakkugg SF Suorahampainen lieriöhammaspyörä
1262		D Geradkegelrad E Rueda cónica recta F Roue conique droite GB Straight bevel gear I Ruota conica a denti diritti NL Recht kegeltandwiel S Koniskt kugghjul med rakkugg SF Suorahampainen kartiohammaspyörä
1263		D Schrägstirnrad E Rueda helicoidal F Roue hélicoïdale GB Helical gear I Ingranaggio elicoidale NL Schroefwiel S Cylindriskt kugghjul med snedkugg SF Vinohampainen lieriöhammasypörä
1264		D Rechtssteigende Verzahnung E Dentado a derecha F Denture à droite GB Right hand teeth I Dentatura destra NL Rechtse vertanding S Höger snedkugg SF Oikeakätinen hammastus
1265		D Linkssteigende Verzahnung E Dentado a izquierda F Denture à gauche GB Left hand teeth I Dentatura sinistra NL Linkse vertanding S Vänster snedkugg SF Vasenkätinen hammastus

1266	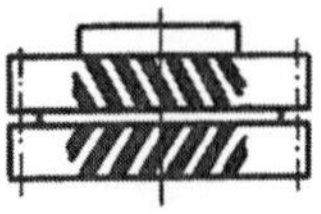	D Doppelschrägverzahnung E Dentado doble-helicoidal F Denture double hélicoïdale GB Double helical teeth I Dentatura bielicoidale (a doppia elica) NL Dubbele schroefvertanding S Dubbel snedkugg SF Kaksoisvinohammastus
1267		D Pfeilverzahnung E Dentado chevron continuo F Denture en chevron continu GB Continous double helical teeth I Dentatura a doppia elica, continua NL Pijlvertanding S Pilkugg SF Nuolihammastus
1268	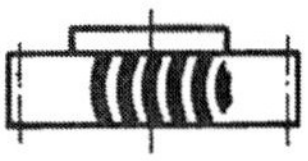	D Bogenverzahnung E Dentado espiral F Denture spirale GB Spiral teeth I Dentatura bombata NL Boogvertanding, Spiraalvertanding S Bågkugg SF Kaarihammastus
1311		D Erzeugendes Rad E Rueda generatriz F Roue génératrice GB Generating gear I Ruota generatrice NL Afwikkeltandwiel S Genererade hjul SF Perushammaspyörä
1312	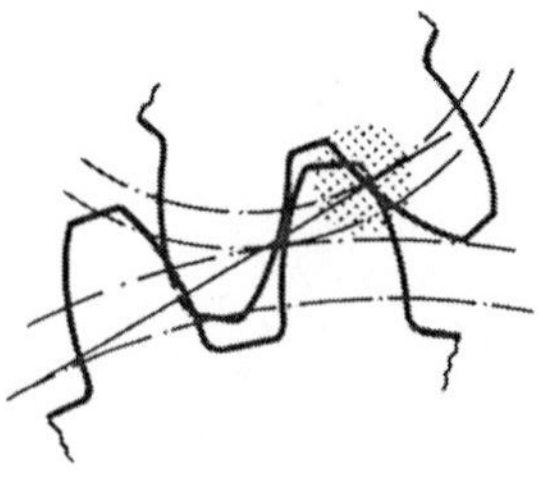	D Eingriffsstörung E Interferencia de engrane F Interférence d'engrènement GB Meshing interference I Interferenza di ingranamento NL Valse ingrijping S Interferens SF Ryntöinterferenssi

1313		D Unterschnitt E Interferencia de tallado F Interférence de taillage GB Undercut US Undercut I Sottoscarico di taglio NL Fabrikage-ondersnijding S Underskärning SF Tyvilovi
1314		D Kopfrücknahme E Despulla de cabeza F Dépouille de tête GB Tip relief I Smusso di testa NL Profielkorrektie aan de kop S Toppavlättning SF Päähelpotus
1314.1		D Fußrücknahme E Despulla de pié F Dépouille de pied GB Root relief I Smusso di piede NL Profielkorrektie aan de voet S Fotavlättning SF Tyvihelpotus
1314.2		D Zahnform-Korrektur E Correción de perfil F Profil bombé GB Profile modification I Profilo modificato NL Hoogtewelving S Profilkorrektion SF Hammasmuodon korjaus
1315		D Fußfreischnitt E Vaciado de fondo para el rectificado F Dégagement de pied GB Root undercut I Scarico di piede dente NL Voetondersnijding S Underskärning p ga verktygsprotuberans SF Tyven työstökevennys

1316		D Breitenballigkeit E Bombeado longitudinal F Bombé longitudinal GB Barreling I Bombatura trasversale NL Breedtewelving S Bombering SF Tynnyrimäisyys
1317		D Endrücknahme E Despulla del extremo F Dépouille d'extrémité GB End relief I Spoglia d'estremità NL Eindwelving S Ändavlättning SF Pituushelpotus
1321		D Stirnrad E Rueda cilíndrica F Roue cylindrique GB Cylindrical gear I Ruota cilindrica NL Cilindrisch tandwiel S Cylindriskt kugghjul SF Lieriöhammaspyörä
1322		D Kegelrad E Rueda cónica F Roue conique GB Bevel gear I Ruota conica NL Kegeltandwiel S Koniskt kugghjul SF Kartiohammaspyörä
1323		D Stirnradpaar E Engranaje cilíndrico F Engrenage cylindrique GB Cylindrical gear pair I Coppia cilindrica NL Cilindrische tandwieloverbrenging S Cylindriskt kugghjulspar SF Lieriöhammaspyöräpari

1324		D Kegelradpaar E Engranaje cónico F Engrenage conique GB Bevel gear pair I Coppia conica NL Kegeltandwieloverbrenging S Koniskt kugghjulspar SF Kartiohammaspyöräpari
1325		D Schnecke E Tornillo sinfin F Vis sans fin GB Worm I Vite senza fine NL Worm S Snäcka SF Kierukka
1325.1		D Zylinderschnecke E Tornillo sinfin cilíndrico F Vis cylindrique GB Cylindrical worm I Vite cilindrica NL Cilindrische worm S Cylindersnäcka SF Lieriömäinen kierukka
1325.2		D Globoidschnecke E Tornillo sinfin globoidal F Vis globique GB Enveloping worm I Vite globoidale NL Globoïde-worm S Globoidsnäcka SF Globoidikierukka
1326		D Schneckenrad E Rueda para sinfin cilindrico F Roue à vis cylindrique GB Wormwheel I Ruota per vite senza fine NL Wormwiel S Snäckhjul SF Kierukkapyörä

1326.1		D Globoidschneckenrad E Rueda para tornillo sinfin globoidal F Roue à vis globique GB Double enveloping wormwheel I Routa per vite globoidale NL Globoïde-wiel S Globoid-snäckhjul SF Globoidikierukkapyörä
1327		D Schneckenradsatz E Engranaje de tornillo sinfin F Engrenage à vis GB Worm gear pair US Worm gearing I Coppia ruote e vite senza fine NL Wormoverbrenging S Snäckhjulsats SF Kierukkapyöräpari
1328		D Hypoidradpaar E Engranaje hipoide F Engrenage conique gauche GB Hypoid gear pair US Hypoid gearing I Coppia di ingranaggi ipoidi NL Schroefkegeloverbrenging S Hypoidhjulpar SF Hypoidipyöräpari
1329		D Hypoidrad E Rueda hipoide F Roude hypoïde GB Hypoid wheel US Hypoid gear I Ruota ipoide NL Hypoïde-wiel S Hypoidhjul SF Hypoidipyörä
1330		D Hypoidritzel E Piñón hipoide F Pignon hypoïde GB Hypoid pinion I Pignone ipoide NL Hypoïde-rondsel S Hypoiddrev SF Hypoidiakseli

1331		D Kettenrad E Rueda de cadena F Roue de chaîne GB Chain wheel US Chain sprocket I Ruota per catena NL Kettingwiel S Kedjehjul SF Ketjupyörä
1331.1		D Kettenritzel E Piñón de cadena F Pignon de chaîne GB Chain sprocket I Pignone per catena NL Kettingrondsel S Kedjedrev SF Ketjupyöräakseli
1411		D Schraubenlinie E Hélice F Hélice GB Helix I Linea d'elica NL Schroeflijn S Skruvlinje SF Ruuviviiva
1412		D Schrägungswinkel E Angulo de hélice F Angle d'hélice GB Helix angle I Angolo d'elica NL Schroefhoek S Snedvinkel SF Vinouskulma
1413		D Steigungswinkel E Angulo de inclinación F Angle d'inclinaison GB Lead angle I Angolo di inclinazione NL Spoedhoek S Stigningsvinkel SF Nousukulma

1413.1		D Gangrichtung E Sentido de la hélice F Sens du filet GB Hand of thread I Senso dell'inclinazione NL Gangrichting S Snedriktning SF Kätisyys
1414	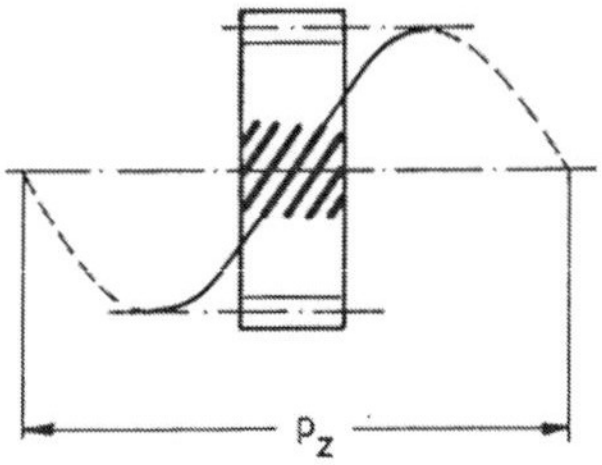	D Steigungshöhe E Paso de hélice F Pas hélicoïdal GB Lead I Altezza dell'elica NL Spoed S Stigning SF Nousu
1415		D Zykloide E Cicloide F Cycloïde GB Cycloid I Cicloide NL Cycloïde S Cykloid SF Sykloidi
1416	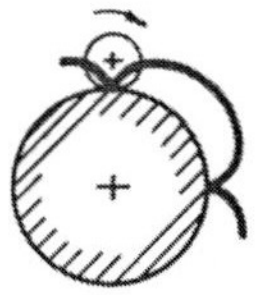	D Epizykloide E Epicicloide F Epicycloïde GB Epicycloid I Epicicloide NL Epicycloïde S Epicykloid SF Episykloidi
1417	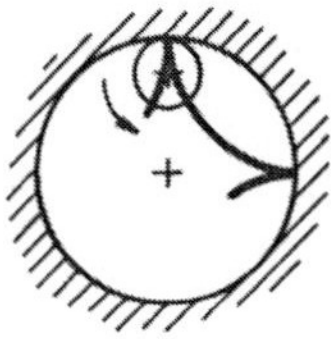	D Hypozykloide E Hipocicloide F Hypocycloïde GB Hypocycloid I Ipocicloide NL Hypocycloïde S Hypocykloid SF Hyposykloidi

1418		D Kreisevolvente E Evolvente de círculo F Développante de cercle GB Involute to a circle I Evolvente di cerchio NL Cirkelevolvente S Cirkelevolvent SF Ympyräevolventti
1418.1	$\text{inv}\,\alpha = \text{tg}\,\alpha - \alpha$	D Evolventenfunktion E Función de evolvente F Fonction développante GB Involute function I Funzione (di) evolvente NL Evolventefunktie S Evolventfunktion SF Evolventtifunktio
1419		D Sphärische Evolvente E Evolvente esférica F Développante sphérique GB Spherical involute I Evolvente sferica NL Bolevolvente S Sfärisk evolvent SF Palloevolventti
1421		D Evolventenschraubenfläche E Evolvente helicoidal F Hélicoïde développable GB Involute helicoid I Elicoide ad evolvente NL Evolvente schroefvlak S Evolventskruvyta SF Evolventtipinta
1422		D Sphärische Evolventenschraubenfläche E Evolvente esférica helicoidal F Hélicoïde en développante sphérique F Spherical involute helicoid I Elicoide a evolvente sferico NL Bolevolvente schroefvlak S Sfärisk evolventskruvyta SF Palloevolventtipinta

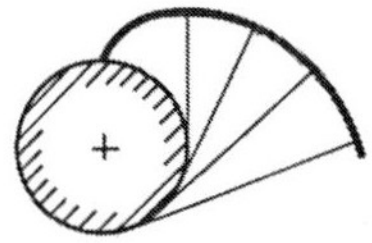

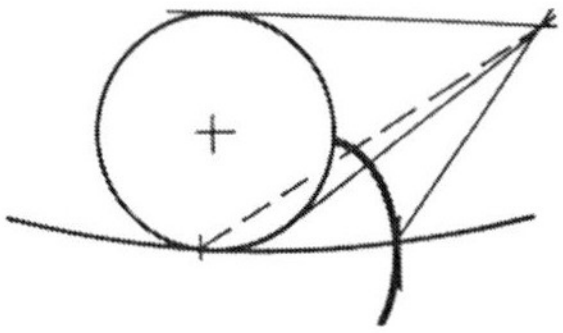

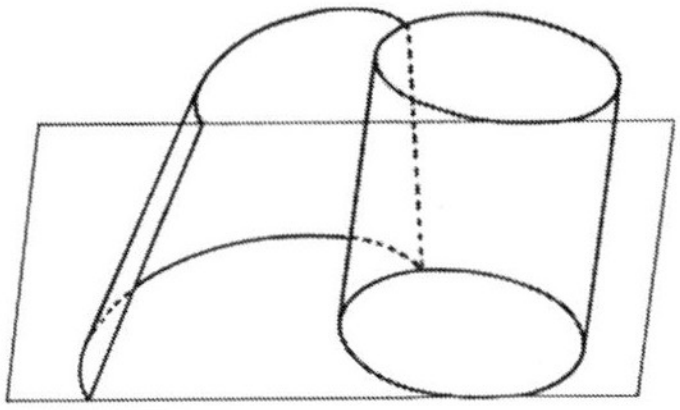

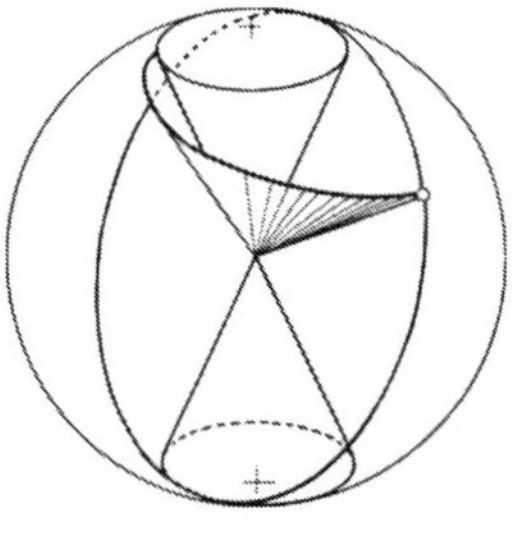

1431	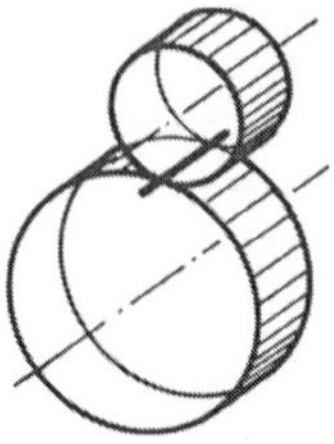	D Wälzachse E Eje instantáneo de rotación F Axe instantané GB Instantaneous axis US Pitch element I Asse istantaneo NL Momentele as S Rullningsaxel SF Vierintäakseli
2111	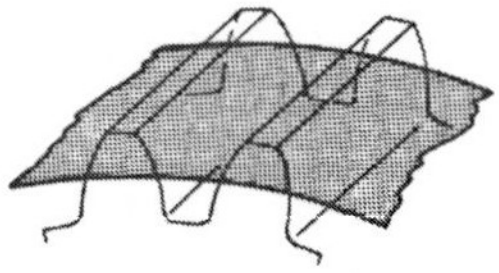	D Teilzylinder E Cilindro primitivo de referencia F Cylindre primitif de référence GB Reference cylinder I Cilindro primitivo di riferimento NL Steekcilinder S Delningscylinder SF Jakolieriö
2112	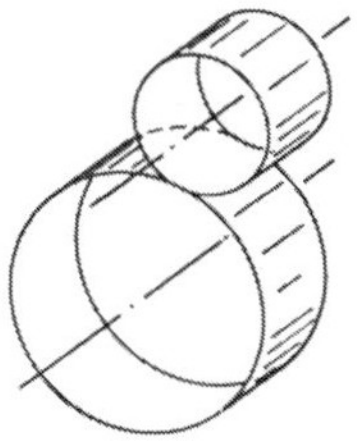	D Wälzzylinder E Cilindro primitivo de functionamiento F Cylindre primitif de fonctionnement GB Pitch cylinder US Operating pitch cylinder I Cilindro primitivo di funzionamento NL Rolcilinder S Rullningscylinder SF Vierintälieriö
2113-	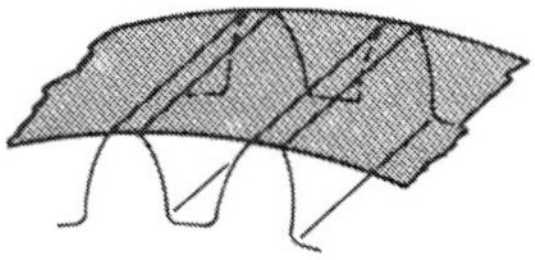	D Kopfzylinder E Cilindro de cabeza F Cylindre de tête GB Tip cylinder US Outside cylinder I Cilindro di testa NL Topcilinder S Toppcylinder SF Päälieriö
2113.1	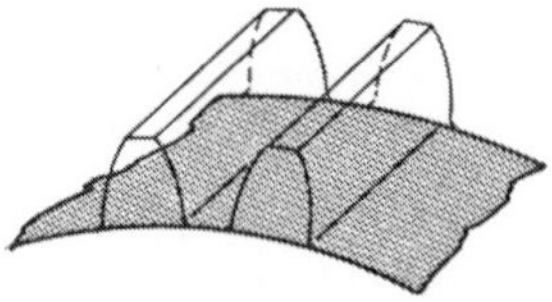	D Fußzylinder E Cilindro de pie de diente F Cylindre de pied GB Root cylinder I Cilindro di base NL Voetcilinder S Bottencylinder SF Tyvilieriö

2115		D Teilkreis E Circunferencia primitiva de referencia F Cercle primitif de référence GB Reference circle US Generated pitch circle I Cerchio primitivo NL Steekcirkel S Delningscirkel SF Jakoympyrä
2115.1		D Wälzkreis E Circunferencia primitiva de funcionamiento F Cercle primitif de fonctionnement GB Pitch circle US Operating pitch circle I Cerchio primitivo di funzionamento NL Rolcirkel S Rullningscirkel SF Vierintäympyrä
2116	d	D Teilkreisdurchmesser E Diámetro primitivo de referencia F Diamètre primitif de référence GB Reference diameter US Generated pitch dia I Diametro primitivo NL Steekcirkelmiddellijn S Delningsdiameter SF Jakohalkaisija
2116.1	d'	D Wälzkreisdurchmesser E Diámetro primitivo de funcionamiento F Diamètre primitif de fonctionnement GB Pitch diameter US Operating pitch dia I Diametro primitivo di funzionamento NL Rolcirkelmiddellijn S Rullningsdiameter SF Vierintähalkaisija
2117		D Kopfkreis E Circunferencia de cabeza F Cercle de tête GB Tip circle US Addendum circle I Cerchio di testa NL Topcirkel S Toppcirkel SF Pääympyrä

2117.1		D Fußkreis E Circunferencia de pie de diente F Cercle de pied GB Root circle I Cerchio di piede (di base) NL Voetcirkel` S Bottencirkel SF Tyviympyrä
2118	d_a	D Kopfkreisdurchmesser E Diámetro de cabeza F Diamètre de tête GB Tip diameter US Outside dia (internal dia) I Diametro di testa (esterno) NL Topcirkelmiddellijn S Toppdiameter SF Päähalkaisija
2118.1	d_f	D Fußkreisdurchmesser E Diámetro de pie F Diamètre de pied GB Root diameter I Diametro di piede (di base) NL Voetcirkelmiddellijn S Bottendiameter SF Tyvihalkaisija
2119	b	D Zahnbreite E Longitud del diente F Largeur de denture GB Facewidth I Larghezza del dente (fascia) NL Tandbreedte S Kuggbredd SF Hampaan leveys
2119.1		D Effektive Zahnbreite E Longitud efectiva del diente F Largeur effective de denture GB Effective face width I Larghezza effettiva del dente NL Effektieve tandbreedte S Effektiv kuggbredd SF Tehollinen hammasleveys

2121		D Teilzylinder-Flankenlinie E Hélice primitiva de referencia F Hélice primitive de référence GB Reference helix US Pitch helix I Elica primitiva di riferimento NL Schroeflijn op de steekcilinder S Flanklinje på delningscylindern SF Jakoruuviviiva
2122		D Wälzzylinder-Flankenlinie E Hélice primitiva de funcionamiento F Hélice primitive de fonctionnement GB Pitch helix I Elica primitiva di funzionamento NL Schroeflijn op de rolcilinder S Flanklinje på rullningscylindern SF Vierintäruuviviiva
2123		D Grundzylinder-Flankenlinie E Hélice base F Hélice de base GB Base helix I Elica base NL Schroeflijn op de basiscilinder S Flanklinje på grundcylindern SF Perusruuviviiva
2124	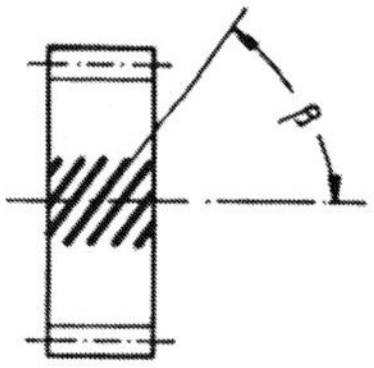	D Schrägungswinkel am Teilzylinder E Angulo de hélice primitiva F Angle d'hélice primitive GB Reference helix angle I Angolo dell'elica primitiva NL Schroefhoek op de steekcilinder S Snedvinkel vid delningscylindern SF Vinouskulma
2125	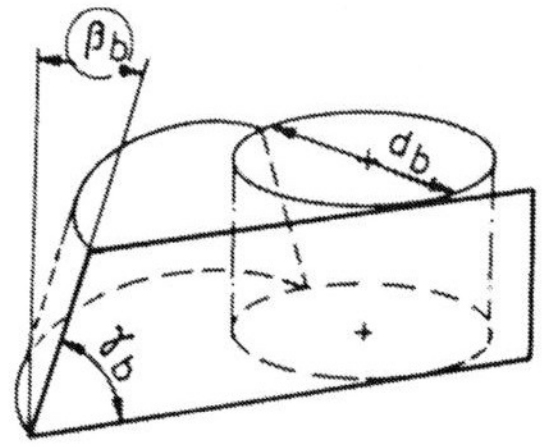	D Grundschrägungswinkel E Angulo de hélice base F Angle d'hélice de base GB Base helix angle I Angolo d'elica di base NL Basisschroefhoek S Snedvinkel vid grundcylindern SF Vinouskulma peruspinnalla

2126		D Steigungswinkel am Teilzylinder E Angulo de inclinación primitivo F Angle d'inclinaison primitive GB Reference lead angle I Inclinazione dell'elica sul primitivo NL Spoedhoek op de steekcilinder S Stigningsvinkel vid delningscylindern SF Nousukulma
2127		D Grundsteigungswinkel E Angulo de inclinación base F Angle d'inclinaison de base GB Base lead angle I Inclinazione dell'elica di base NL Basisspoedhoek S Stigningsvinkel vid grundcylindern SF Nousukulma peruspinnalla
2129		D Axialteilung E Paso axial F Pas axial GB Axial pitch I Passo assiale NL Axiale steek S Axialdelning SF Aksiaalijako
2131		D Zahnhöhe E Altura del diente F Hauteur de dent GB Tooth depth I Altezza del dente NL Tandhoogte S Kugghöjd SF Hampaan korkeus
2132	h_a	D Kopfhöhe E Altura de cabeza F Saillie GB Addendum I Addendum NL Kophoogte S Topphöjd SF Pääkorkeus

2133	h_f	D Fußhöhe E Altura de pie F Creux GB Dedendum I Dedendum NL Voethoogte S Fothöjd SF Tyvikorkeus
2141	α_{yt}	D Stirnprofilwinkel E Angulo de presión aparente en un punto F Angle d'incidence apparent GB Transverse pressure angle at a point I Angolo d'incidenza trasversale (apparente) in un punto NL Schijnbare invalshoek S Ingreppsvinkel i transversalsnitt i en punkt SF Otsaryntökulma jossain pisteessä y
2142	α_t	D Stirneingriffswinkel E Angulo de presión F Angle de pression apparent GB Transverse pressure angle I Angolo di pressione trasversale (apparente) di contatto NL Omtreksdrukhoek S Ingreppsvinkel i transversalsnitt vid delningscylindern SF Otsaryntökulma
2143	p_t	D Stirnteilung E Paso aparente F Pas apparent GB Transverse pitch US Transverse circular pitch I Passo trasversale (apparente) NL Omtreksteek S Transversaldelning SF Otsajako
2144	$\tau = \dfrac{360°}{z}$	D Teilungswinkel E Paso angular F Pas angulaire GB Angular pitch I Passo angolare (angolo della divisione) NL Tandsteekhoek S Delningsvinkel SF Jakokulma

2145	$$m_t = \dfrac{d}{z}\,(mm)$$	D Stirnmodul E Módulo aparente F Module apparent GB Transverse module I Modulo trasversale (apparente) NL Omtreksmodulus S Transversalmodul SF Otsamoduuli
2146	$$P_t = \dfrac{z}{d}\,(in)$$	D Diametral Pitch im Stirnschnitt E Paso diametral aparente F Diametral pitch apparent GB Transverse diametral pitch I Diametral pitch trasversale (apparente) NL Omtreks-diametral pitch S Diametral pitch i transversalsnitt SF Diametral pitch otsaleikkauksessa
2147		D Zahndicke im Stirnschnitt E Espesor aparente F Epaisseur apparente GB Transverse tooth-thickness US Transverse circular thickness I Spessore trasversale (apparente) NL Omtrekstanddikte S Kuggtjocklek i transversalsnitt SF Hampaan paksuus otsaleikkauksessa
2148		D Lückenweite im Stirnschnitt E Intervalo aparente F Intervalle apparent GB Transverse spacewidth I Vano trasversale (apparente) fra due denti NL Omtrekskuilwijdte S Luckvidd i transversalsnitt SF Hammasaukon leveys otsaleikkauksessa
2151		D Profilwinkel am Normalschnitt E Angulo de presión en un punto F Angle d'incidence réel GB Normal pressure angle at a point I Angolo di incidenza normale (in un punto) NL Normaalinvalshoek S Ingreppsvinkel i normalsnitt i en punkt SF Normaaliryntökulma pisteessä y

2152		D Eingriffswinkel am Normalschnitt E Angulo de presión normal F Angle de pression réel GB Normal pressure angle I Angolo di pressione normale (di contatto) NL Normaaldrukhoek S Ingreppsvinkel i normalsnitt SF Normaaliryntökulma jakoympyrällä
2153		D Normalteilung E Paso normal F Pas réel GB Normal pitch US Normal circular pitch I Passo normale NL Normaalsteek S Normaldelning SF Normaalijako
2154	$$m_n = \frac{P_n}{\pi} \ (mm)$$	D Normalmodul E Módulo normal F Module réel GB Normal module I Modulo normale NL Normaalmodulus S Normalmodul SF Normaalimoduuli
2155	$$P_n = \frac{\pi}{P_n} \ (in)$$	D Diametral Pitch am Normalschnitt E Paso diametral normal F Diametral pitch réel GB Normal diametral pitch I Diametral pitch normale NL Normaal-diametral pitch S Diametral pitch i normalsnitt SF Diametral pitch normaalileikkauksessa
2156		D Zahndicke am Normalschnitt E Espesor normal F Epaisseur réelle GB Normal tooth thickness US Normal circular thickness I Spessore normale NL Normaaltanddikte S Kuggtjocklek i normalsnitt SF Hampaan paksuus normaalileikkauksessa

2156.1	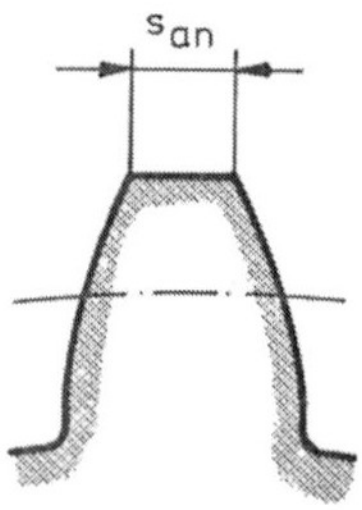	D Zahnkopfdicke E Espesor normal de cabeza de diente F Epaisseur réelle de tête GB Normal crest width US Normal top land I Spessore normale di testa NL Normaaldikte aan de kop S Kuggtoppstjocklek SF Hampaan paksuus pääpinnalla 　　normaalileikkauksessa
2156.2	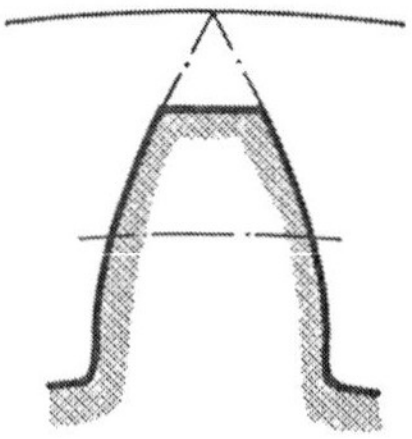	D Spitzengrenze E Circulo de punta F Cercle de pointe GB Intersection circle (of opposed involutes) I Cerchio di punta NL Tandpunt-cirkel S Gräns för spetsig kugg SF Hampaan teräväksituloraja
2157	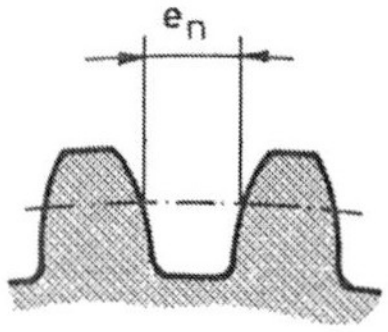	D Lückenweite am Normalschnitt E Intervalo normal F Intervalle réel GB Normal spacewidth I Vano normale NL Normaalkuilwijdte S Luckvidd i normalsnitt SF Hammasaukon leveys normaalileik- 　　kauksessa
2161	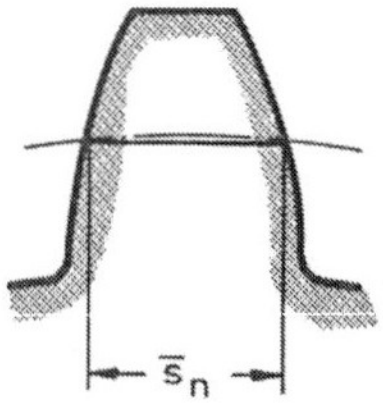	D Zahndickensehne E Cuerda normal F Corde réelle GB Normal chordal tooth thickness I Corda normale NL Normaaltandkoorde S Kordakuggtjocklek i normalsnitt SF Hampaan jännemitta normaalileikkauksessa
2162	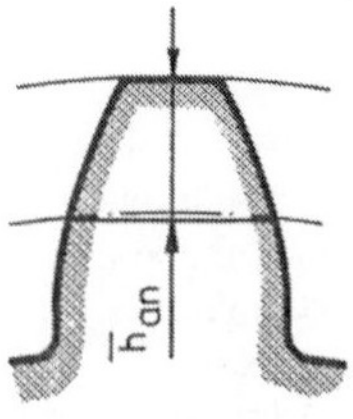	D Höhe über der Sehne E Altura de cabeza de diente sobre cuerda F Saillie à la corde réelle GB Chordal height I Altezza sulla corda normale NL Normaalkoordehoogte S Kordatopphöjd SF Mittakorkeus

2163		D Konstante Sehne E Cuerda constante F Corde constante réelle GB Constant chord I Corda costante NL Konstante koorde S Konstant kordatjocklek SF Vakiojännemitta
2164		D Höhe über der konstanten Sehne E Altura de cabeza de diente sobre cuerda constante F Saillie à la corde constante GB Constant chord height I Altezza sulla corda costante NL Konstante koordehoogte S Konstant kordatopphöjd SF Vakiojännemitan mittakorkeus
2165		D Zahnweite E Medida entre dientes F Ecartement GB Base tangent length US Span measurement I Scartamento NL Tandwijdte S Kuggvidd SF Hammasvälimitta
2171		D Zahnstange E Cremallera F Crémaillère GB Rack I Cremagliera NL Heugel S Kuggstång SF Hammastanko
2171.1		D Zahnstangensatz E Engranaje de cremallera F Engrenage à crémaillère GB Rack and pinion drive I Accoppiamento a cremagliera NL Heugel en rondsel S Kuggstångssats SF Hammastankovälitys

2172		D Zykloiden-Zahnrad E Rueda cicloidal F Roue cycloïdale GB Cycloidal gear I Ruota cicloidale NL Cycloïdaal tandwiel S Cykloid-kugghjul SF Sykloidihammaspyörä
2172.1		D Zykloiden-Zahnradpaar E Engranaje cicloidal F Engrenage cycloïdal GB Cycloidal gear pair I Coppia di ingranaggi cicloidali NL Cycloïdale overbrenging S Cykloid-kugghjulspar SF Sykloidihammaspyöräpari
2173		D Triebstockrad E Rueda de linterna F Roue cylindrique à fuseaux GB Cylindrical lantern gear I Ruota cilindrica a perni NL Pennenwiel S Pinnhjul SF Tappihammaspyörä
2173.1		D Triebstocksatz E Engranaje de linterna F Engrenage à fuseaux GB Lantern gear drive I Ingranaggio cilindrico a lanterna NL Pennenwiel-overbrenging S Pinnhjulssats SF Tappihammaspyöräpari
2174		D Evolventen-Stirnrad E Rueda cilindrica evolvente F Roue cylindrique à développante GB Cylindrical involute gear I Ingranaggio cilindrico ad evolvente NL Evolvent cilindrisch tandwiel S Cylindriskt evolventkugghjul SF Evolventtinen lieriöhammaspyörä

2175		D Grundkreis E Circunferencia base F Cercle de base GB Base circle I Cerchio base NL Basiscirkel S Grundcirkel SF Perusympyrä
2176		D Grundzylinder E Cilindro base F Cylindre de base GB Base cylinder I Cilindro base NL Basiscilinder S Grundcylinder SF Peruslieriö
2177		D Grundkreisdurchmesser E Diámetro base F Diamètre de base GB Base diameter I Diametro di base NL Basiscirkelmiddellijn S Grunddiameter SF Perushalkaisija
2178		D Grundzylinder-Stirnteilung E Paso base aparente F Pas de base apparent GB Transverse base pitch I Passo di base trasversale (apparente) NL Omtreksbasissteek S Grunddelning i transversalsnitt SF Otsaperusjako
2178.1		D Grundzylinder-Normalteilung E Paso base normal F Pas de base réel GB Normal base pitch I Passo di base normale NL Normaalbasissteek S Grunddelning i normalsnitt SF Normaaliperusjako

2179		D Zahndicke am Grundzylinder im Stirnschnitt E Espesor base aparente F Epaisseur de base apparente GB Transverse base thickness I Spessore di base trasversale (apparente) NL Omtreksbasistanddikte S Tjocklek utefter grundcylindern i trans- versalsnitt SF Hampaan paksuus peruspinnalla otsaleik- kauksessa
2179.1		D Zahndicke am Grundzylinder im Normalschnitt E Espesor base normal F Epaisseur de base réelle GB Normal base thickness I Spessore di base normale NL Normaalbasistanddikte S Kuggtjocklek utefter grundcylindern i normalsnitt SF Hampaan paksuus peruspinnalla normaali- leikkauksessa
2181		D Bezugsprofil E Perfil de referencia F Tracé de référence GB Standard basic rack tooth profile I Profilo di riferimento NL Teoretisch heugelprofiel S Referensprofil SF Perusprofiili
2182		D Bezugs-Zahnstange E Cremallera de referencia F Crémaillère de référence GB Basic rack I Cremagliera di riferimento NL Teoretische heugel S Referenskuggstång SF Perushammastanko
2183		D Erzeugungs-Zahnstange E Cremallera generatriz F Crémaillère génératrice GB Counterpart rack US Generating rack I Cremagliera generatrice NL Afwikkelheugel S Motpart till referenskuggstång SF Vastahammastanko

2184		D Profilbezugsebene E Plano de referencia F Plan de référence GB Datum plane I Piano di riferimento del profilo NL Referentievlak, Steekvlak S Referensplan SF Jakotaso
2185		D Profilbezugslinie E Linea de referencia F Ligne de référence GB Datum line I Linea di riferimento del profilo NL Referentielijn, Steeklijn S Referenslinje SF Jakosuora
2186	$x = m \cdot n$	D Profilverschiebung E Corrección del perfil F Déplacement de profil GB Addendum modification I Correzione del profilo NL Profielverschuiving S Profilförskjutning SF Profiilinsiirto
2187	x	D Profilverschiebungsfaktor E Coeficiente de corrección F Déport (coefficient) GB Addendum modification coefficient I Coefficiente di correzione NL Profielverschuivingsfaktor S Profilförskjutningsfaktor SF Profiilinsiirtokerroin
2188	$x = 0$	D Null-Rad E Rueda sin corrección F Roue non déportée GB Standard gear US Standard gear I Ruota senza correzione (Ruota "zero") NL Tandwiel zonder profielverschuiving S Kugghjul utan profilförskjutning SF Hammaspyörä ilman profiilinsiirtoa

2189		D V-Rad E Rueda corregida F Roue déportée GB Corrected gear US Enlarged gear I Ingranaggio corretto NL Tandwiel met profielverschuiving S Kugghjul med profilförskjutning SF Profiilinsiirretty hammaspyörä
2190		D Verzahnwerkzeug E Herramienta de tallar F Outil de taillage GB Gear cutting tool I Utensile di taglio NL Snijgereedschap S Kuggbearbetningsverktyg SF Hammastamistyökalu
2190.1		D Wälzwerkzeuge E Herramientas de tallar por generación F Outil de génération GB Generating tool I Utensile generatore NL Afwikkelsnijgereedschap S Avvalsningsverktyg SF Vierintätyökalu
2191		D Hobelkamm E Herramienta de cremallera F Outil crémaillère GB Rack type cutter I Utensile a cremagliera NL Heugelsteekmes S Kamstål SF Kampaterä
2192		D Schneidrad E Herramienta circular F Outil pignon GB Pinion type cutter I Utensile a coltello circolare NL Steekwiel S Skärhjul SF Pistopyörä

2193		D Wälzfräser E Fresa-madre F Fraise-mère GB Hob I (Fresa a) creatore NL Afwikkelfrees S Snäckfräs SF Vierintäjyrsin
2194		D Werkzeug-Eingriffswinkel E Angulo de presión de la herramienta F Angle nominal d'outil GB Cutter nominal pressure angle US Standard pressure angle I Angolo nominale di pressione dell'utensile NL (Nominale) drukhoek van het gereedschap S Verktygsingreppsvinkel SF Teräryntökulma
2195		D Werkzeug-Teilung E Paso nominal de la herramienta F Pas nominal d'outil GB Cutter nominal pitch US Circular pitch of cutter I Passo nominale dell'utensile NL (Nominale) steek van het gereedschap S Verktygsdelning SF Terän jako
2196	$$m_0 = \frac{P_0}{\pi}\,(mm)$$	D Werkzeug-Modul E Módulo de la herramienta F Module d'outil GB Tool module I Modulo dell'utensile NL Gereedschapsmodulus S Verktygsmodul SF Terän moduuli
2197	$$P_0 = \frac{\pi}{P_0\,(in)}$$	D Diametral Pitch des Werkzeuges E Paso diametral de la herramienta F Diametral pitch d'outil GB Tool diametral pitch I Diametral pitch dell'utensile NL Diametral pitch van het gereedschap S Diametral pitch hos verktyg SF Terän diametral pitch

2213		D Evolventen-Geradstirnradpaar E Engranaje cilindrico recto F Engrenage parallèle à denture droite en développante GB Spur gear pair I Coppia di ingranaggi cilindrici ad evolvente a denti diritti NL Cilindrische tandwieloverbrenging met rechte evolvente vertanding S Cylindriskt hjulpar med rak evolventkugg SF Suorahampainen (evolventti) lieriöhammaspyöräpari
2214		D Schrägstirnradpaar E Engranaje cilíndrico helicoidal de ejes cruzados F Engrenage parallèle à denture hélicoïdale GB Helical parallel gear pair I Coppia di ingranaggi cilindrici a denti elicoidali NL Schroefwieloverbrenging met evenwijdige hartlijnen S Cylindriskt hjulpar med snedkugg SF Vinohampainen lieriöhammaspyöräpari
2215		D Zylinderschraubenradpaar E Engranaje helicoidal para ejes cruzados F Engrenage cylindrique gauche GB Crossed helical gear pair I Coppia di ingranaggi sghembi elicoidali NL Schroefwieloverbrenging met kruisende hartlijnen S Cylindriskt skruvhjulspar SF Lieriömäinen ruuvipyöräpari
2221		D Mittenlinie E Línea de centros F Ligne des centres GB Line of centres I Retta dei centri NL Middelpuntlijn S Mittlinje SF Keskiviiva
2222		D Gemeinsame Zahnhöhe E Altura útil F Hauteur utile GB Working depth I Altezza utile totale NL Nuttige hoogte S Gemensam kugghöjd SF Hampaan työkorkeus

2223		D Kopfspiel E Holgura de fondo F Vide à fond de dent GB Bottom clearance US Clearance I Giuoco di testa NL Topspeling S Bottenspel SF Tyvivälys
2224		D Verdrehflankenspiel E Juego aparente entre dientes F Jeu primitif GB Circumferential backlash I Giuoco primitivo NL Omtreksflankspeling S Rotationsflankspel SF Vierintäkylkivälys
2225		D Normalflankenspiel E Juego normal entre dientes F Jeu entre dents GB Normal backlash I Giuoco normale NL Normaalflankspeling S Normalflankspel SF Normaalikylkivälys
2230		D Überdeckung E Relación de contacto F Rapport de conduite GB Contact ratio I Ricoprimento NL Ingrijpkotiënt S Ingreppsstorheter SF Ryntösuhde
2231		D Profilnormale im Berührpunkt E Línea de acción F Ligne d'action GB Line of action I Linea d'azione (normale al profilo nel punto di contatto) NL Ingrijplijn S Ingreppslinje SF Ryntöviiva

2231.1		D Eingriffspunkt E Punto de contacto F Point de contact GB Point of contact I Punto di contatto NL Ingrijppunt S Ingreppspunkt SF Ryntöpiste
2232	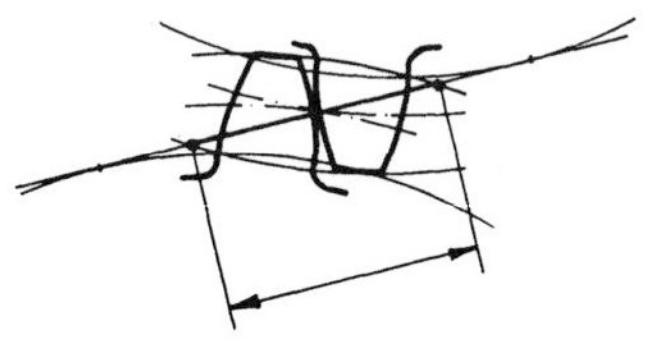	D Eingriffslinie E Linea de engrane F Ligne de conduite GB Path of contact I Linea di contatto NL Ingrijpweg S Ingreppssträcka SF Ryntöjana
2233	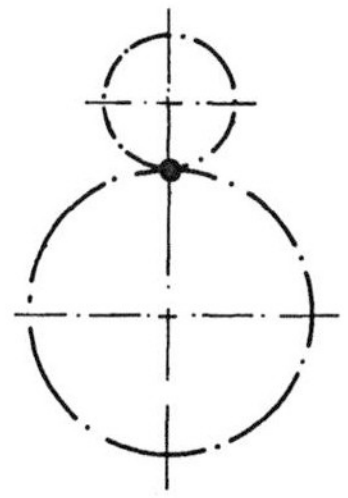	D Wälzpunkt E Punto de rodadura F Point primitif GB Pitch point I Punto primitivo di funzionamento NL Pool S Rullningspunkt SF Vierintäpiste
2234	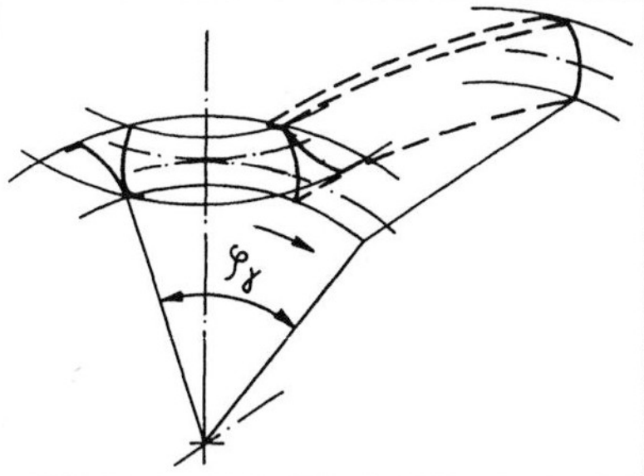	D Gesamt-Überdeckungswinkel E Angulo total de contacto F Angle total de conduite GB Total angle of contact I Angolo totale di ricoprimento NL Totale doorgangshoek S Total kontaktvinkel SF Kokonaisryntökulma
2234.1	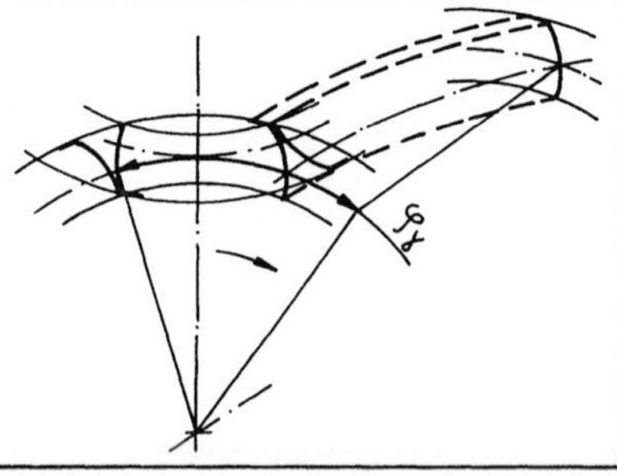	D Gesamtüberdeckungs-Wälzkreisbogen E Arco total de contacto F Arc total de conduite GB Total arc of contact I Arco totale di ricoprimento nel funzionamento NL Totale doorgangsboog S Total kontaktbåge SF Kokonaisryntökaari

2235		D Profil-Überdeckungswinkel E Angulo de contacto aparente F Angle de conduite apparent GB Angle of contact US Angle of action I Angolo di ricoprimento del profilo NL Schijnbare doorgangshoek S Profilkontaktvinkel SF Profiiliryntökulma
2235.1		D Profilüberdeckungs-Wälzkreisbogen E Arco de contacto aparente F Arc de conduite apparent GB Arc of contact US Arc of action I Arco di azione NL Schijnbare doorgangsboog S Profilkontaktbåge SF Profiiliryntökaari
2236		D Sprung-Überdeckungswinkel E Angulo de recubrimiento F Angle de recouvrement GB Overlap angle I Angolo di ricoprimento elicoidale NL Overlappingshoek S Språngvinkel SF Peittokulma
2236.1		D Sprung-Überdeckungswälzkreisbogen E Arco de recubrimiento F Arc de recouvrement GB Overlap arc US Face advance I Arco di ricoprimento elicoidale NL Overlappingsboog S Språngbåge SF Peittokaari
2237	$\varepsilon_\gamma = \varepsilon_\alpha + \varepsilon_\beta$	D Gesamtüberdeckung E Relación de contacto total F Rapport total de conduite GB Total contact ratio I Ricoprimento totale NL Totale ingrijpkotiënt S Summa ingreppstal SF Kokonaisryntösuhde

2238	$$\varepsilon_\alpha = \frac{\varphi_\alpha}{\tau}$$	D Profilüberdeckung E Relación de contacto aparente F Rapport de conduite apparent GB Transverse contact ratio I Rapporto di contatto trasversale NL Schijnbare ingrijpkotiënt S Ingreppstal SF Ryntösuhde
2239	$$\varepsilon_\beta = \frac{\varphi_\beta}{\tau}$$	D Sprungüberdeckung E Coeficiente de recubrimiento F Rapport de recouvrement GB Overlap ratio US Face contact ratio I Rapporto di ricoprimento elicoidale NL Overlappingskotiënt S Överlappning SF Peittosuhde
2241		D Eingriffsebene E Plano de acción F Plan d'action GB Plane of action I Piano d'azione NL Ingrijpvlak S Ingreppsyta SF Ryntöpinta
2242		D Eingriffsstrecke E Longitud de engrane F Longueur de conduite GB Length of path of contact US Length of action I Lunghezza di contatto NL Ingrijplengte S Ingreppssträckans längd SF Ryntöpituus
2243		D Eintritteingriff E Contacto de entrada F Contact d'approche GB Approach action I Contatto di entrata (della linea di condotta) NL Naderingskontakt S Ingångsingrepp SF Tyviryntö

2244		D Austritteingriff E Contacto de salida F Contact de retraite GB Recess action I Contatto di uscita (della linea di condotta) NL Verwijderingskontakt S Utgångsingrepp SF Pääryntö
2245		D Eintritt-Eingriffstrecke E Longitud de entrada F Longueur d'approche GB Length of approach path (of contact) US Length of approach I Lunghezza di contatto di entrata (della linea di condotta) NL Naderingslengte S Ingångsingreppssträcka SF Tyviryntöpituus
2246		D Austritt-Eingriffstrecke E Longitud de salida F Longueur de retraite GB Length of recess path (of contact) US Length of recess I Lunghezza di contatto di uscita (della linea di condotta) NL Verwijderingslengte S Utgångingreppssträcka SF Pääryntöpituus
2247		D Sprung E Longitud de recubrimiento F Longueur de recouvrement GB Overlap length I Lunghezza di ricoprimento NL Overlappingslengte S Språng SF Peitto
2251		D Null-Radpaar E Engranaje cero F Engrenage sans déport GB Standard gear pair US Standard gear set I Coppia di ingranaggi senza correzione NL Tandwielstel zonder profielverschuiving S Hjulpar utan profilförskjutning SF Pyöräpari ilman profiilinsiirtoa

2252		D Radpaar mit Profilverschiebung E Engranaje corregido F Engranage avec déport GB Corrected gear pair US Enlarged gear set I Coppia di ingranaggi con correzione di profilo NL Tandwielstel met profielverschuiving S Hjulpar med profilförskjutning SF Profiilinsiirretty hammaspyöräpari

$$x \neq 0$$

2253	$$a = \frac{z_1 + z_2}{2} \cdot m \ (mm)$$ $$a = \frac{z_1 + z_2}{2P} \ (in)$$	D Null-Achsabstand E Distancia nominal entre centros F Entraxe de référence GB Reference centre distance US Standard center distance I Interasse di riferimento (nominale) NL Referentiehartafstand S Referensaxelavstånd SF Perusakseliväli

2254		D V-Null-Radpaar E Engranaje corregido con distancia nominal entre ejes F Engrenage à entraxe de référence GB Gear pair at reference centre distance US Gear set at standard center distance I Coppia di ingranaggi con dentatura corretta e interasse nominale NL Tandwielstel met referentiehartafstand S Hjulpar med profilförskjutning och referensaxelavstånd SF Profiilinsiirretty hammaspyöräpari perusakselivälillä

2255		D V-Radpaar mit positiver Profilverschiebung E Engranaje corregido con desplazamiento positivo de la distancia entre ejes F Engrenage corrigé avec augmentation d'entraxe GB Gear pair at extended centres US Enlarged center distance I Coppia di ingranaggi con correzione di profilo positiva NL Tandwielstel met positieve asverschuiving S Hjulpar med positiv profilförskjutning SF Hammaspyöräpari, jossa positiviinen profiilinsiirto

2255.1		D V-Radpaar mit negativer Profilverschiebung E Engranaje corregido con desplazamiento negativo de la distancia entre ejes F Engrenage corrigé avec diminution d'entraxe GB Gear pair at reduced centres US Contracted center distance I Coppia di ingranaggi con correzione di profilo negativa NL Tandwielstel met negatieve asverschuiving S Hjulpar med negativ profilförskjutning SF Hammaspyöräpari, jossa negatiivinen profiilinsiirto

2256		D Teilkreisabstandsfaktor E Coeficiente de modificatión de la distancia entre centros F Coefficient de modification d'entraxe GB Centre distance modification coefficient I Fattore di modificazione dell'interasse primitivo NL Asverschuivingsfaktor S Axelavståndförskjutningsfaktor SF Akselivälin korjauskerroin
3111		D Teilkegel E Cono primitivo de referencia F Cône primitif de référence GB Reference cone US Pitch cone I Cono primitivo di riferimento NL Steekkegel S Delningskon SF Jakokartio
3112		D Teilkegelspitze E Vértice del cono primitivo F Sommet (du cône primitif) GB Reference cone apex US Pitch apex I Vertice primitivo di riferimento di ingranaggio conico NL Steekkegeltop S Delningskonspets SF Jakokartion kärki
3113		D Wälzkegel E Cono primitivo de funcionamiento F Cône primitif de fonctionnement GB Pitch cone I Cono primitivo di funzionamento NL Rolkegel S Rullningskon SF Vierintäkartio
3114		D Kopfkegel E Cono de cabeza de diente F Cône de tête GB Tip cone I Cono di testa NL Topkegel S Toppkon SF Pääkartio

3114.1		D Fußkegel E Cono de fondo de diente F Cône de pied GB Root cone I Cono di piede NL Voetkegel S Bottenkon SF Tyvikartio
3115		D Rückenkegel E Cono complementario F Cône complémentaire extérieur GB Back cone I Cono complementare esterno NL Komplementaire kegel S Bakkon SF Takakartio
3116		D Innerer Ergänzungskegel E Cono complementario interior F Cône complémentaire interieur GB Inner cone I Cono complementare interno NL Inwendige komplementaire kegel S Innerkon SF Sisäkartio
3116.1		D Mittlerer Ergänzungskegel E Cono complementario medio F Cône complémentaire moyen GB Middle cone I Cono complementare medio NL Gemiddelde komplementaire kegel S Medelkon SF Keskikartio
3118		D Stirnprofil am Rückenkegel E Perfil aparente F Profil apparent (sur cône complémentaire) GB Tooth profile I Profilo trasversale (apparente) sul cono complementare esterno NL Schijnbaar profiel (aan de komplementaire kegel) S Kuggprofil i transversal snitt vid bakkon SF Otsaprofiili takakartiolla

3119		D Virtuelles Stirnrad eines Kegelrades E Rueda cilindrica equivalente F Roue cylindrique équivalente de la roue conique GB Virtual spur gear of bevel gear I Ingranaggio cilindrico equivalente di un ingranaggio conico NL Ekwivalent cilindrisch tandwiel van het kegeltandwiel S Ersättningskugghjul för koniskt kugghjul SF Redusoitu hammaspyörä
3119.1		D Vollzähnezahl E Número real de dientes F Nombre de dents complémentaire GB Number of teeth of a gear I Numero di denti complementare NL Komplementair tandental S Kompletteringskuggtal SF Kokonaishammasluku
3119.2		D Virtuelle Zähnezahl E Número virtual de dientes F Nombre de dents virtuel GB Virtual number of teeth I Numero di denti virtuale od apparente NL Virtueel tandental S Skenbart kuggtal SF Redusoitu hammasluku
3121		D Teilkegelwinkel E Angulo primitivo de referencia F Angle primitif de référence GB Reference cone angle US Pitch angle I Angolo del cono primitivo di riferimento NL Steekkegelhoek S Delningskonvinkel SF Jakokartiokulma
3122		D Wälzkegelwinkel E Angulo primitivo de funcionamento F Angle primitif de fonctionnement GB Pitch cone angle I Angolo del cono primitivo di funzionamento NL Rolkegelhoek S Rullningskonvinkel SF Vierintäkartiokulma

3123		D Teilkreis am Kegelrad E Cono primitivo de referencia de la rueda cónica F Cercle primitif de référence de la roue conique GB Reference circle of bevel gear US Pitch circle I Cerchio primitivo di riferimento di ingranaggio conico NL Steekcirkel van het kegeltandwiel S Delningscirkel för koniskt kugghjul SF Kartiohammaspyörän jakoympyrä

3123

D Teilkreis am Kegelrad
E Cono primitivo de referencia de la rueda cónica
F Cercle primitif de référence de la roue conique
GB Reference circle of bevel gear
US Pitch circle
I Cerchio primitivo di riferimento di ingranaggio conico
NL Steekcirkel van het kegeltandwiel
S Delningscirkel för koniskt kugghjul
SF Kartiohammaspyörän jakoympyrä

3124

3.1.2.5
3.1.2.1
3.1.2.5.1
3.1.2.7.1
(3.1.2.4)
3.1.2.7
d

D Teilkreisdurchmesser am Kegelrad
E Diametro primitivo de referencia de la rueda cónica
F Diamètre primitif de référence de la roue conique
GB Reference diameter of bevel gear
US Pitch dia
I Diametro primitivo di riferimento della ruota conica
NL Steekcirkelmiddellijn van het kegeltandwiel
S Delningsdiameter för koniskt kugghjul
SF Kartiohammaspyörän jakohalkaisija

3125

(3.1.2.5)
3.1.2.1
3.1.2.5.1
3.1.2.7.1
3.1.2.4
3.1.2.7
δ_a

D Kopfkegelwinkel
E Angulo de cabeza
F Angle de tête
GB Tip angle
I Angolo di testa di ingranaggio conico
NL Topkegelhoek
S Toppkonvinkel
SF Pääkartiokulma

3125.1

3.1.2.5
3.1.2.1
(3.1.2.5.1)
3.1.2.7.1
3.1.2.4
3.1.2.7
δ_f

D Fußkegelwinkel
E Angulo de pie
F Angle de pied
GB Root angle
I Angolo di piede di ingranaggio conico
NL Voetkegelhoek
S Bottenkonvinkel
SF Tyvikartiokulma

3126

D Kopfkreis am Kegelrad
E Circunferencia de cabeza de la rueda cónica
F Cercle de tête de la roue conique
GB Tip circle of bevel gear
US Crown circle
I Cerchio di testa delle ruota conica
NL Topcirkel van het kegeltandwiel
S Toppcirkel för koniskt kugghjul
SF Kartiohammaspyörän pääympyrä

3126.1		D Fußkreis am Kegelrad E Circunferencia de pie de la rueda cónica F Cercle de pied de la roue conique GB Root circle of bevel gear I Cerchio di piede della ruota conica NL Voetcirkel van het kegeltandwiel S Bottencirkel för koniskt kugghjul SF Kartiohammaspyörän tyviympyrä
3127		D Kopfkreisdurchmesser am Kegelrad E Diametro de pie de la rueda cónica F Diamètre de tête de la roue conique GB Tip diameter of bevel gear US Outside diameter I Diametro di testa della ruota conica NL Topmiddellijn van het kegeltandwiel S Toppdiameter för koniskt kugghjul SF Kartiohammaspyörän päähalkaisija
3127.1		D Fußkreisdurchmesser am Kegelrad E Diametro de fondo de la rueda cónica F Diamètre de pied de la roue conique GB Root diameter of bevel gear I Diametro di piede della ruota conica NL Voetmiddellijn van het kegeltandwiel S Bottendiameter för koniskt kugghjul SF Kartiohammaspyörän tyvihalkaisija
3131		D Zahnbreite am Kegelrad E Longitud del diente de la rueda cónica F Largeur de denture de la roue conique GB Facewidth of bevel gear I Larghezza di dente di ingranaggio conico NL Tandbreedte van het kegeltandwiel S Kuggbredd för koniskt kugghjul SF Kartiohammaspyörän hampaan leveys
3131.1		D Effektive Zahnbreite am Kegelrad E Longitud efectiva de diente de la rueda cónica F Largeur de denture effective de la roue conique GB Effective face width of bevel gear I Larghezza effettiva di dente di ingranaggio conico NL Effektieve tandbreedte van het kegeltandwiel S Effektiv kuggbredd för koniskt kugghjul SF Kartiohammaspyörän tehollinen hammasleveys

3132		D Äußere Teilkegellänge E Longitud de la generatriz de cabeza F Génératrice extérieure GB Cone distance I Generatrice (lunghezza generatrice) esterna NL Uitwendige kegellengte S Yttre konlängd SF Kartion sivun ulkopituus
3132.1		D Innere Teilkegellänge E Longitud de la generatriz de pie F Génératrice intérieure GB Inner cone distance I Generatrice (lunghezza generatrice) interna NL Inwendige kegellengte S Inre konlängd SF Kartion sivun sisäpituus
3132.2		D Mittlere Teilkegellänge E Longitud de la generatriz media F Génératrice moyenne GB Middle cone distance US Mean cone distance I Generatrice media NL Gemiddelde kegellengte S Medelkonlängd SF Kartion sivun pituus hammastuksen keskelle
3133		D Anlagefläche am Kegelrad E Cara de referencia de la rueda cónica F Face de référence de la roue conique GB Locating face of bevel gear I Faccia di riferimento di ingranaggio conico NL Referentievlak van het kegeltandwiel S Anliggningsyta för koniskt kugghjul SF Kartiohammaspyörän asennustaso
3134		D Einbaumaß eines Kegelrades E Distancia de referencia del vértice de la rueda cónica F Distance de référence de la roue conique GB Apex to back I Distanza di costruzione di ingranaggio conico NL Referentiemaat van het kegeltandwiel S Monteringsavstånd för koniskt kugghjul SF Kartiohammaspyörän asennusetäisyys

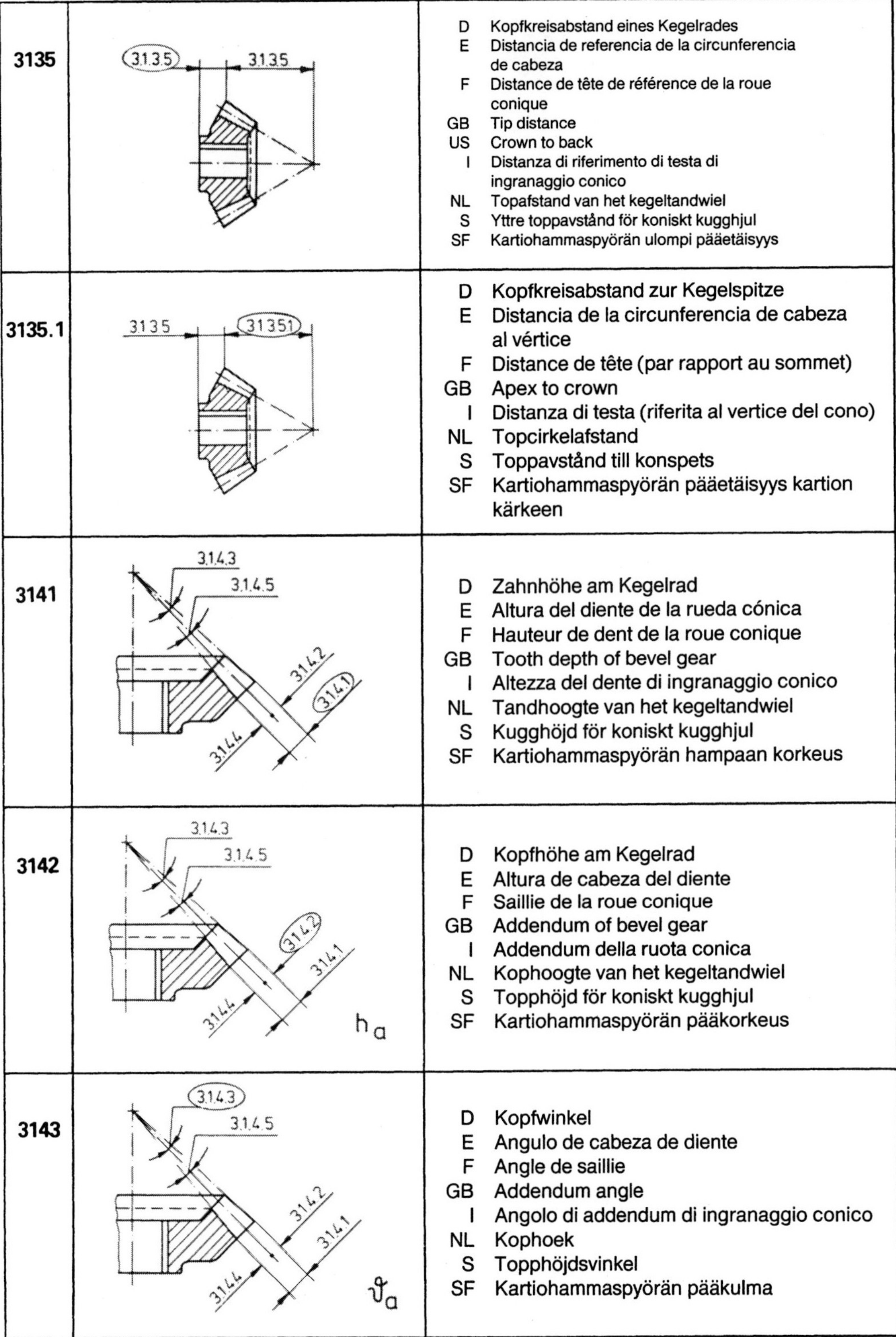

3135		D Kopfkreisabstand eines Kegelrades E Distancia de referencia de la circunferencia de cabeza F Distance de tête de référence de la roue conique GB Tip distance US Crown to back I Distanza di riferimento di testa di ingranaggio conico NL Topafstand van het kegeltandwiel S Yttre toppavstånd för koniskt kugghjul SF Kartiohammaspyörän ulompi pääetäisyys
3135.1		D Kopfkreisabstand zur Kegelspitze E Distancia de la circunferencia de cabeza al vértice F Distance de tête (par rapport au sommet) GB Apex to crown I Distanza di testa (riferita al vertice del cono) NL Topcirkelafstand S Toppavstånd till konspets SF Kartiohammaspyörän pääetäisyys kartion kärkeen
3141		D Zahnhöhe am Kegelrad E Altura del diente de la rueda cónica F Hauteur de dent de la roue conique GB Tooth depth of bevel gear I Altezza del dente di ingranaggio conico NL Tandhoogte van het kegeltandwiel S Kugghöjd för koniskt kugghjul SF Kartiohammaspyörän hampaan korkeus
3142		D Kopfhöhe am Kegelrad E Altura de cabeza del diente F Saillie de la roue conique GB Addendum of bevel gear I Addendum della ruota conica NL Kophoogte van het kegeltandwiel S Topphöjd för koniskt kugghjul SF Kartiohammaspyörän pääkorkeus
3143		D Kopfwinkel E Angulo de cabeza de diente F Angle de saillie GB Addendum angle I Angolo di addendum di ingranaggio conico NL Kophoek S Topphöjdsvinkel SF Kartiohammaspyörän pääkulma

3144		D Fußhöhe am Kegelrad
		E Altura de pie del diente
		F Creux de la roue conique
		GB Dedendum of the bevel gear
		I Dedendum della ruota conica
		NL Voethoogte van het kegeltandwiel
		S Fothöjd för koniskt kugghjul
		SF Kartiohammaspyörän tyvikorkeus

3145		D Fußwinkel
		E Angulo de pie del diente
		F Angle de creux
		GB Dedendum angle
		I Angolo di dedendum di ingranaggio conico
		NL Voethoek
		S Fothöjdsvinkel
		SF Kartiohammaspyörän tyvikulma

3146

$$\vartheta = \vartheta_a + \vartheta_f$$

D   Zahnhöhenwinkel
E   Angulo de altura del diente
F   Angle de hauteur de dent
GB Whole depth tooth angle
I   Angolo totale del dente di ingranaggio conico
NL Hoek van de tandhoogte
S   Kugghöjdsvinkel
SF Hammaskulma

3158

D   Zahndicken-Halbwinkel am Kegelrad
E   Semi-angulo de espesor
F   Demi-angle d'épaisseur de la roue conique
GB Tooth thickness half angle
I   Semiangolo di spessore del dente della ruota conica
NL Halve tanddiktehoek van het kegeltandwiel
S   Halva kuggtjockleksvinkeln för koniskt kugghjul
SF Kartiohammaspyörän hampaan paksuuskulman puolikas

3159

D   Zahnlücken-Halbwinkel am Kegelrad
E   Semi-ángulo de intervalo
F   Demi-angle d'intervalle de la roue conique
GB Spacewidth half angle
I   Semiangolo di vano del dente della ruota conica
NL Halve kuilwijdtehoek van het kegeltandwiel
S   Halva luckviddsvinkeln för koniskt kugghjul
SF Kartiohammaspyörän aukkokulman puolikas

3171		D Planrad E Rueda plana F Roue plate GB Crown wheel I Ruota con dentatura "frontale" NL Kroonwiel S Planhjul SF Tasopyörä
3172		D Planrad mit konstanter Zahnhöhe (für Stirnradritzel) E Rueda frontal GB Contrate gear F Roue de champ US Face gear I Ruota frontale conica (o ipoide con denti di altezza costante i cui angoli di testa e di piede sono di 90°) per (pignone cilindrico) NL Kroonwiel met konstante tandhoogte S Planhjul med konstant kugghöjd (för cylindriskt kuggdrev) SF Tasopyörä, jossa vakio hammaskorkeus
3173		D Schrägzahn-Kegelrad E Rueda cónica helicoidal F Roue conique à denture oblique GB Skew bevel gear I Ruota conica a denti inclinati NL Kegeltandwiel met schuine vertanding S Koniskt kugghjul med snedkugg SF Vinohampainen kartiohammaspyörä
3173.1		D Spiralkegelrad E Rueda cónica en espiral F Roue conique à denture spirale GB Spiral bevel gear I Ruota conica a denti spirali NL Kegeltandwiel med spiraalvertanding S Koniskt spiralkugghjul SF Kaarihampainen kartiohammaspyörä
3174		D Hüllkreisradius E Excentricidad de las lineas de flancos F Excentrement des lignes de flancs GB Offset of tooth trace I Raggio di eccentricità delle linee dei fianchi NL Afwijking van de flanklijnen S Korsningavstånd hos flanklinjer SF Kylkiviivojen risteilyetäisyys

3175		D Kegelrad mit Oktoidenverzahnung
		E Rueda octoide
		F Roue à denture octoïde
		GB Octoid gear
		    (so called involute bevel gear)
		I Ruota a dentatura ottoide
		    (detta ruota conica ad evolvente)
		NL Octoïde-tandwiel
		S Koniskt hjul med oktoidkugg
		SF Oktoidihammaspyörä

3176		D Spiralwinkel E Angulo de espiral F Angle de spirale GB Spiral angle I Angolo della spirale NL Spiraalhoek S Spiralvinkel SF Kaarikulma
3176.1		D Äußerer Spiralwinkel E Angulo exterior de espiral F Angle de spirale extérieur GB Outer spiral angle I Angolo esterno della spirale NL Uitwendige spiraalhoek S Yttre spiralvinkel SF Kaarikulma ulkoreunalla
3176.2		D Mittlerer Spiralwinkel E Angulo medio de espiral F Angle de spirale moyen GB Mid-face spiral angle US Spiral angle I Angolo medio della spirale NL Gemiddelde spiraalhoek S Medel-spiralvinkel SF Kaarikulma keskellä

3191		D Zahndicken-Einstellwinkel des Werkzeuges
		E Angulo de cabeza de la herramienta
		F Angle de tête d'outil
		GB Cutter tip angle
		I Angolo di posizionamento dello spessore
		    dente dell'utensile
		NL Kophoek van het gereedschap
		S Verktygets inställningsvinkel för
		    kuggtjocklek
		SF Työntökulma

4000		D Schneckenradsatz E Engranaje de tornillo sinfin F Engrenage à vis GB Worm gear pair I Coppia di ingranaggi a vite senza fine NL Wormoverbrenging S Snäckhjulssats SF Kierukkapyöräpari
4110		D Linien und Flächen am Torus E Lineas y superficies tóricas F Surfaces et lignes toriques GB Toric surfaces and lines I Superfici e linee del "toro" NL Toruslijnen en -vlakken S Linjer och ytor vid toroid SF Toruksen viivat ja pinnat
4111		D Torus E Toro F Tore GB Toroid I Toro NL Torus S Toroid SF Torus
4112		D Erzeugungskreis des Torus E Circunferencia generatriz del toro F Cercle générateur du tore GB Generant of the toroid I Cerchio generatore del toro NL Afwikkelcirkel van de torus S Genereringscirkel för toroid SF Toruksen muodostava ympyrä
4113		D Mittelebene des Torus E Plano medio del toro F Plan médian du tore GB Mid-plane of the toroid I Piano mediano del toro NL Middenvlak van de torus S Symmetriplan för toroid SF Toruksen keskitaso

4114	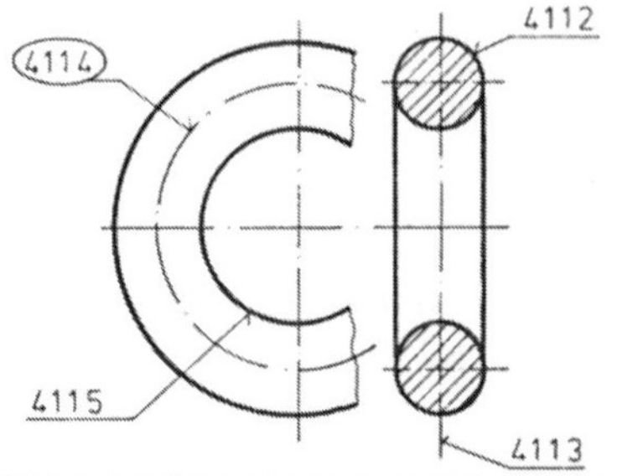	D Mittlerer Kreis des Torus E Circunferencia media del toro F Cercle moyen du tore GB Middle circle of the toroid I Cerchio mediano del toro NL Middencirkel van de torus S Mittcirkel för toroid SF Toruksen keskiympyrä
4115	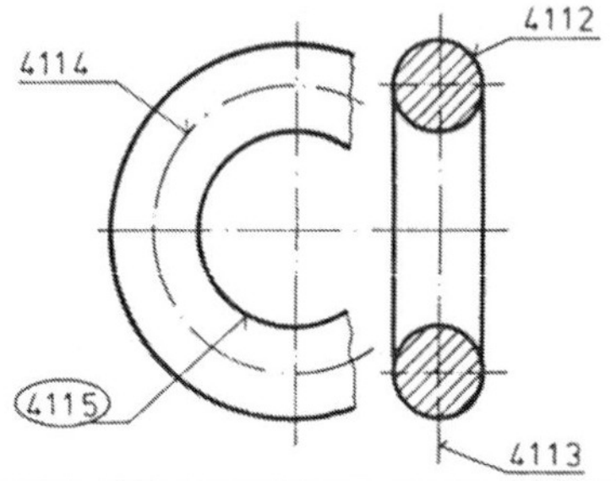	D Innerer Kreis des Torus E Circunferencia interior del toro F Cercle intérieur du tore GB Inner circle of the toroid I Cerchio interno del toro NL Inwendige cirkel van de torus S Innercirkel för toroid SF Toruksen sisäympyrä
4121	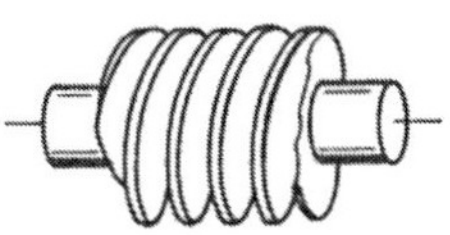	D Zylinderschnecke E Tornillo sinfin cilindrico F Vis cylindrique GB Cylindrical worm I Vite senza fine cilindrica NL Cilindrische worm S Cylindersnäcka SF Kierukka
4122	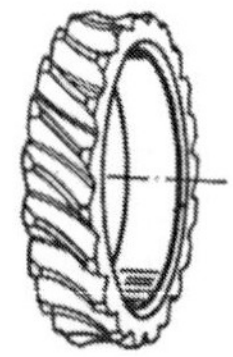	D Zylinderschneckenrad E Rueda para tornillo sinfin cilindrico F Roue à vis cylindrique GB Cylindrical wormwheel I Ruota per vite cilindrica NL Cilindrisch wormwiel S Snäckhjul SF Kierukkapyörä
4123	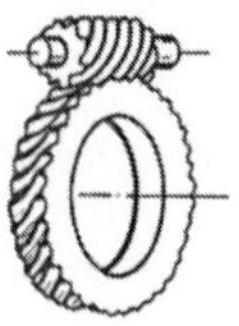	D Zylinderschnecken-Radsatz E Engranaje de tornillo sinfin cilindrico F Engrenage à vis cylindrique GB Cylindrical worm gear pair I Coppia di ingranaggi a vite senza fine cilindrica NL Cilindrische wormoverbrenging S Cylindrisk snäckhjulssats SF Kierukkapyöräpari

4124		D Globoidschnecke E Tornillo sinfin globoidal F Vis globique GB Enveloping worm I Vite globoidale NL Globoide-worm S Globidsnäcka SF Globoidikierukka
4125		D Globoidschneckenrad E Rueda para tornillo sinfin globoidal F Roue à vis globique GB Wormwheel I Ruota per vite globoidale NL Globoïde-wiel S Globoidsnäckhjul SF Globoidikierukkapyörä
4126		D Globoidschnecken-Radsatz E Engranaje de tornillo sinfin globoidal F Engrenage à vis globique GB Double enveloping worm gear pair I Coppia di ingranaggi a vite globoidale NL Globoïde-wormoverbrenging S Globoidsnäckhjulssats SF Globoidikierukkapyöräpari
4211		D Schneckenzahn E Filete F Filet GB Worm thread I Filetto della vite senza fine NL Gang S Gänga SF Kierre
4211.1	z_1	D Gangzahl E Número de entradas F Nombre de filets GB Number of starts I Numero dei filetti NL Aantal gangen S Antal ingångar SF Pääluku

4212		D Mittenzylinder E Cilindro primitivo F Cylindre de référence GB Reference cylinder US Datum cylinder I Cilindro di riferimento NL Steekcilinder S Mittcylinder SF Jakolieriö
4213	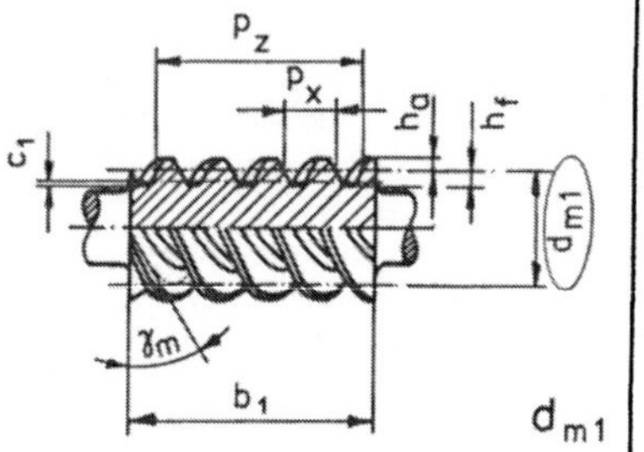 p_z p_x h_a h_f c_1 γ_m b_1 d_{m1} d_{m1}	D Mittenkreisdurchmesser E Diámetro primitivo F Diamètre de référence GB Reference diameter US Datum diameter I Diametro del cilindro di riferimento NL Steekcirkelmiddellijn S Mittcirkeldiameter SF Jakohalkaisija
4214		D Mittenzylinder-Schraubenlinie E Hélice primitiva F Hélice de référence GB Reference helix US Helix on datum cylinder I Elica del cilindro di riferimento NL Referentieschroeflijn S Skruvlinje på mittcylindern SF Jakoruuviviiva
4215	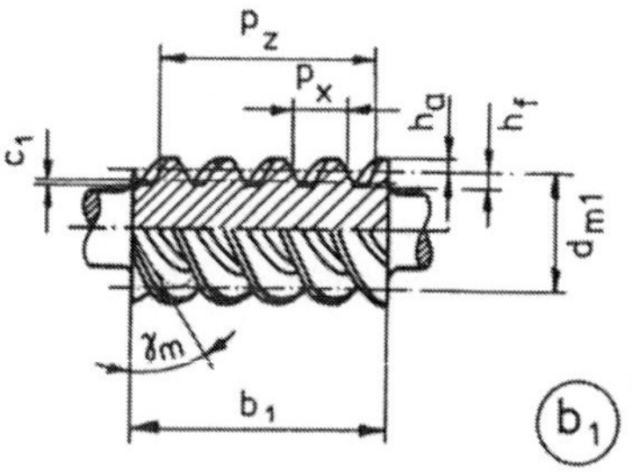 p_z p_x h_a h_f c_1 γ_m b_1 d_{m1} (b_1)	D Schneckenlänge E Longitud del tornillo sinfin F Longueur de vis GB Worm facewidth I Lunghezza della vite NL Wormlengte S Snäcklängd SF Kierrepituus
4220		D Teilung E Paso F Pas GB Pitch I Passo NL Steek S Delning SF Jako

4221	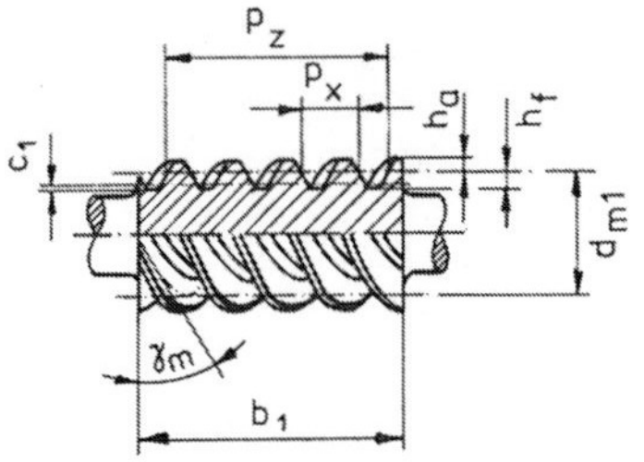	D Axialprofil E Perfil axial F Profil axial GB Axial profile I Profilo assiale NL Axiaalprofiel S Axialprofil SF Aksiaaliprofiili
4222	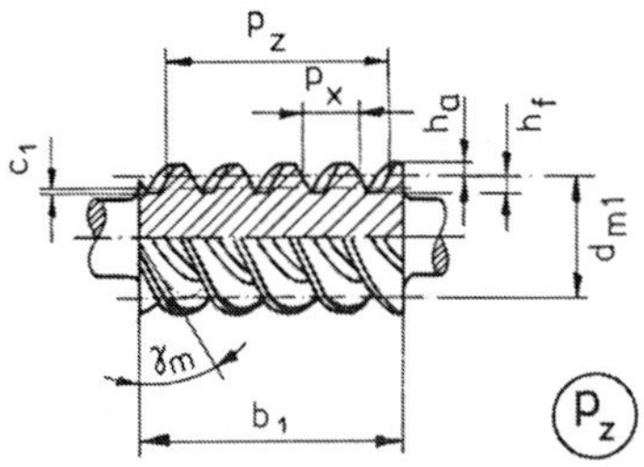	D Steigungshöhe E Paso helicoidal F Pas hélicoïdal GB Lead I Passo elicoidale NL Spoed S Stigning SF Nousu $\;(p_z)$
4223	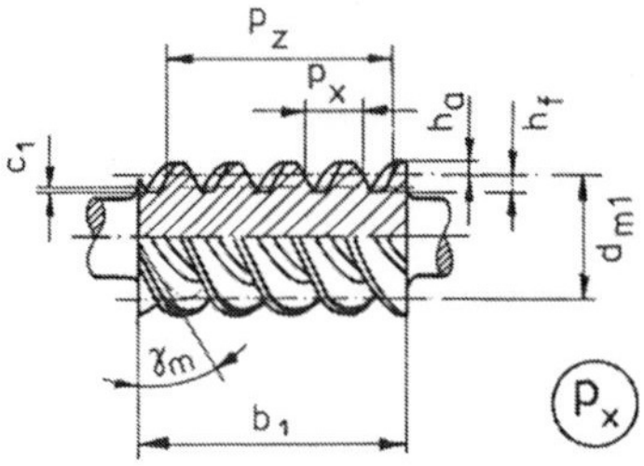	D Axialteilung E Paso axial F Pas axial GB Axial pitch I Passo assiale NL Axiale steek S Axialdelning SF Aksiaalijako $\;(p_x)$
4224	$$m_x = \frac{p_x}{\pi}$$	D Axialmodul E Módulo axial F Module axial GB Axial module I Modulo assiale NL Axiale modulus S Axialmodul SF Aksiaalimoduuli
4226	$$p = \frac{d_1}{m_{x1}}$$	D Formzahl E Cociente diametral F Quotient diamétral GB Diameter quotient I Quoziente diametrale NL Diameterkotiënt S Formtal SF Halkaisijakerroin

4227	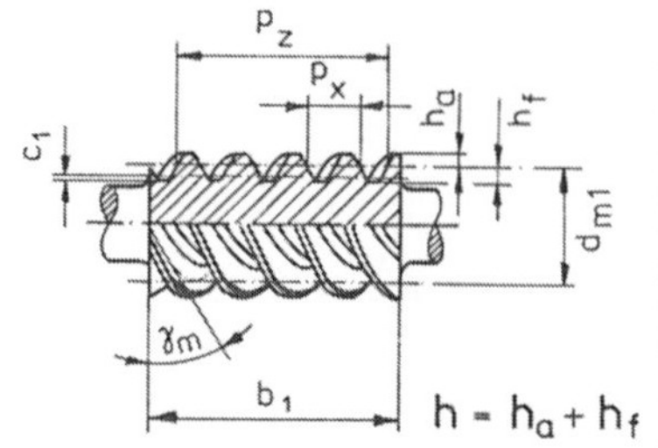	D Zahnhöhe E Altura del filete F Hauteur de filet GB Tooth depth I Altezza del dente NL Tandhoogte S Gänghöjd SF Hampaan korkeus
4228	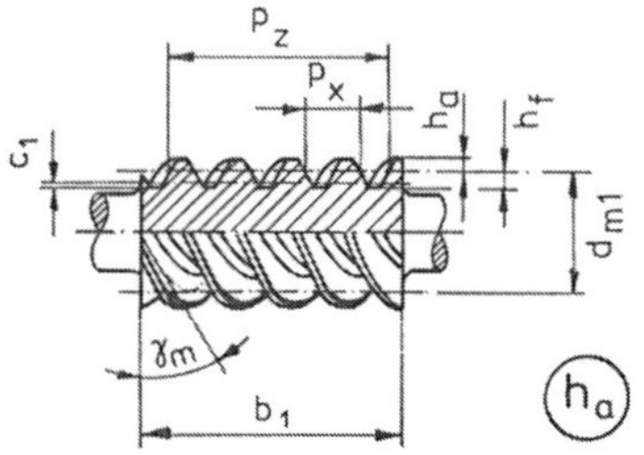	D Kopfhöhe E Altura de cabeza del filete F Saillie GB Addendum I Addendum NL Kophoogte S Gängtopphöjd SF Pääkorkeus
4229	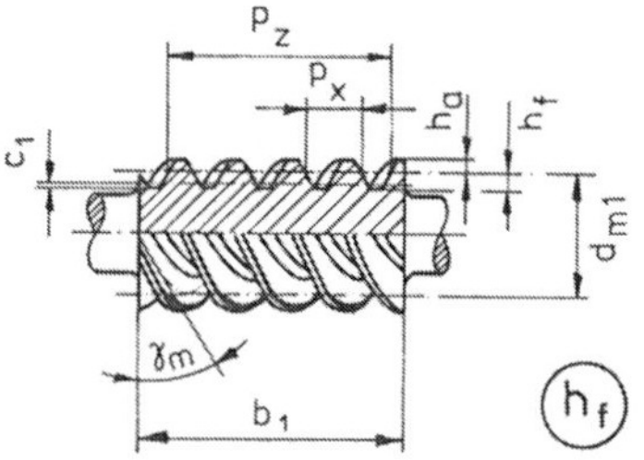	D Fußhöhe E Altura de pie del filete F Creux GB Dedendum I Dedendum NL Voethoogte S Gängfothöjd SF Tyvikorkeus
4231	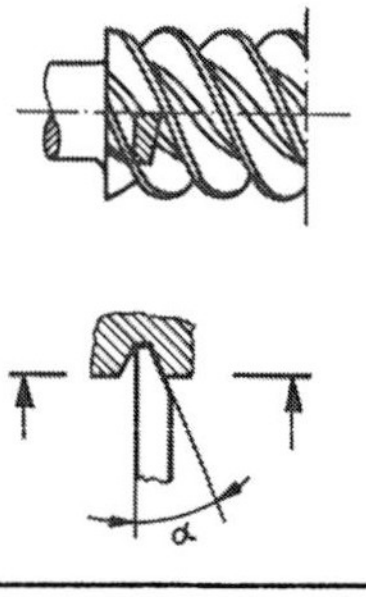	D Flankenform A (ZA-Schnecke) E Forma de flancos A (Tornillo sinfin ZA) F Flancs définis en profil axial (type ZA) GB Straight sided axial flanks (type ZA) I Forma dei fianchi "A" definita da un profilo assiale per vite ZA NL Flankvorm A (type ZA) S Gängform ZA SF Kierremuoto ZA
4232	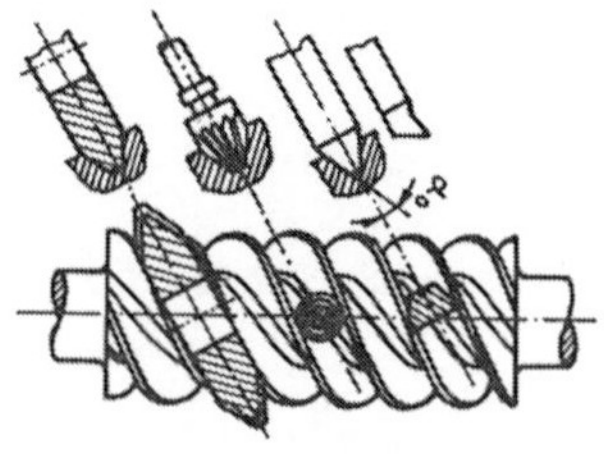	D Flankenform N (ZN-Schnecke) E Forma de flancos N (Tornillo sinfin ZN) F Flancs définis en profil normal (type ZN) GB Straight sided normal flanks (type ZN) US Chased helicoid I Forma dei fianchi "N" definita da un profilo normale per vite "ZN" NL Flankvorm (type ZN) S Gängform ZN SF Kierremuoto ZN

4233		D Flankenform K (ZK-Schnecke) E Forma de flancos K (Tornillo sinfin ZK) F Flancs engendrés par outil disque (type ZK) GB Milled helicoid flanks (type ZK) I Forma dei fianchi "K" prodotta da utensile a disco per vite "ZK" NL Flankvorm K (type ZK) S Gängform ZK SF Kierremuoto ZK
4234		D Flankenform I (ZI-Schnecke) E Forma de flancos I (Tornillo sinfin ZI) F Flancs en helicoïde développable (type ZI) GB Involute helicoid flanks (type ZI) I Forma dei fianchi "I" a sviluppo elicoidale per vite "ZI" NL Flankvorm I (type ZI) S Gängform I SF Kierremuoto ZI
4311		D Kreuzungsebene E Plano medio F Plan médian GB Mid-plane I Piano mediano della coppia a vite senza fine NL Middenvlak S Huvudaxialplan SF Keskitaso

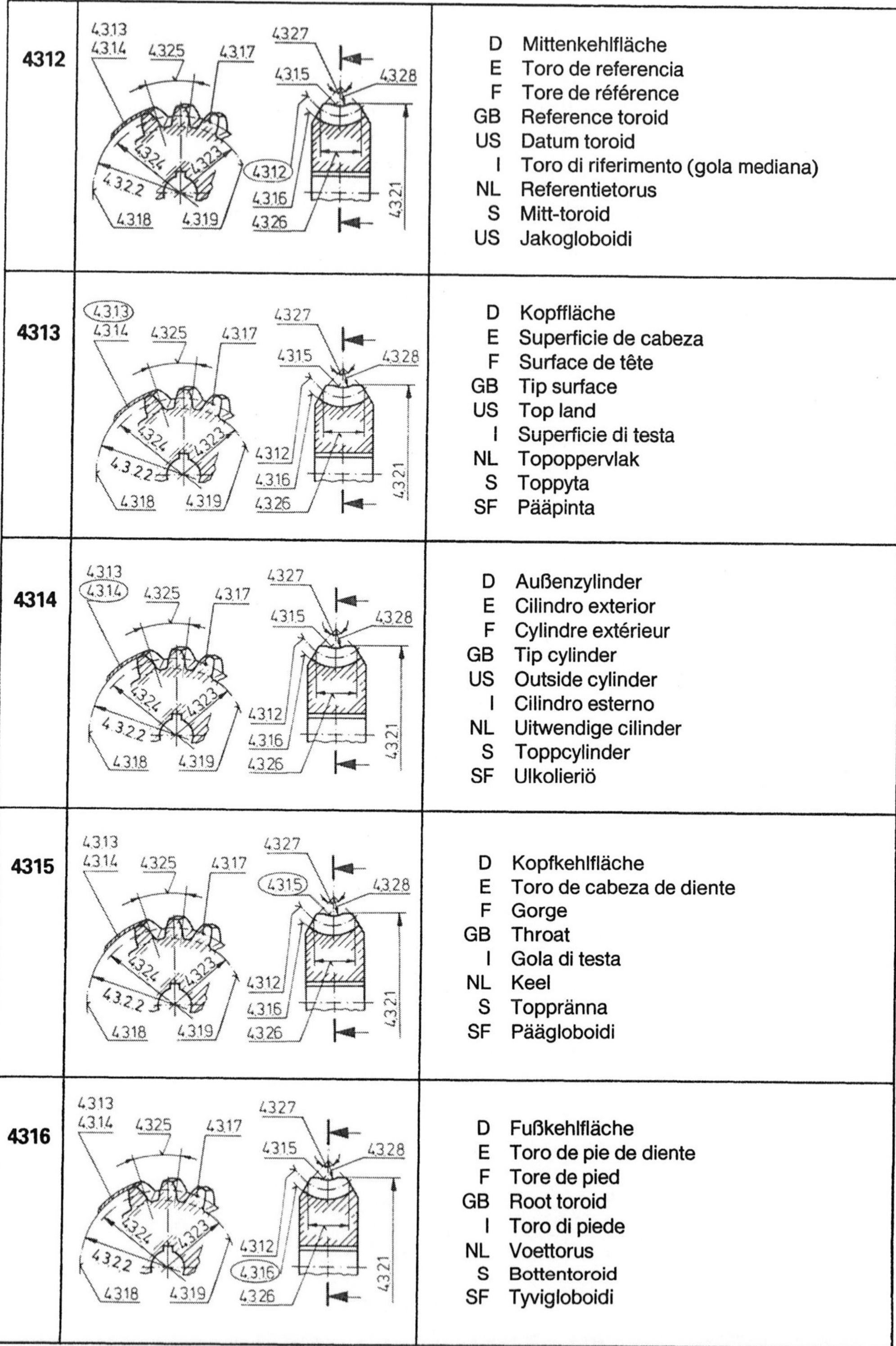

4312	D	Mittenkehlfläche
	E	Toro de referencia
	F	Tore de référence
	GB	Reference toroid
	US	Datum toroid
	I	Toro di riferimento (gola mediana)
	NL	Referentietorus
	S	Mitt-toroid
	US	Jakogloboidi

4313	D	Kopffläche
	E	Superficie de cabeza
	F	Surface de tête
	GB	Tip surface
	US	Top land
	I	Superficie di testa
	NL	Topoppervlak
	S	Toppyta
	SF	Pääpinta

4314	D	Außenzylinder
	E	Cilindro exterior
	F	Cylindre extérieur
	GB	Tip cylinder
	US	Outside cylinder
	I	Cilindro esterno
	NL	Uitwendige cilinder
	S	Toppcylinder
	SF	Ulkolieriö

4315	D	Kopfkehlfläche
	E	Toro de cabeza de diente
	F	Gorge
	GB	Throat
	I	Gola di testa
	NL	Keel
	S	Toppränna
	SF	Päägloboidi

4316	D	Fußkehlfläche
	E	Toro de pie de diente
	F	Tore de pied
	GB	Root toroid
	I	Toro di piede
	NL	Voettorus
	S	Bottentoroid
	SF	Tyvigloboidi

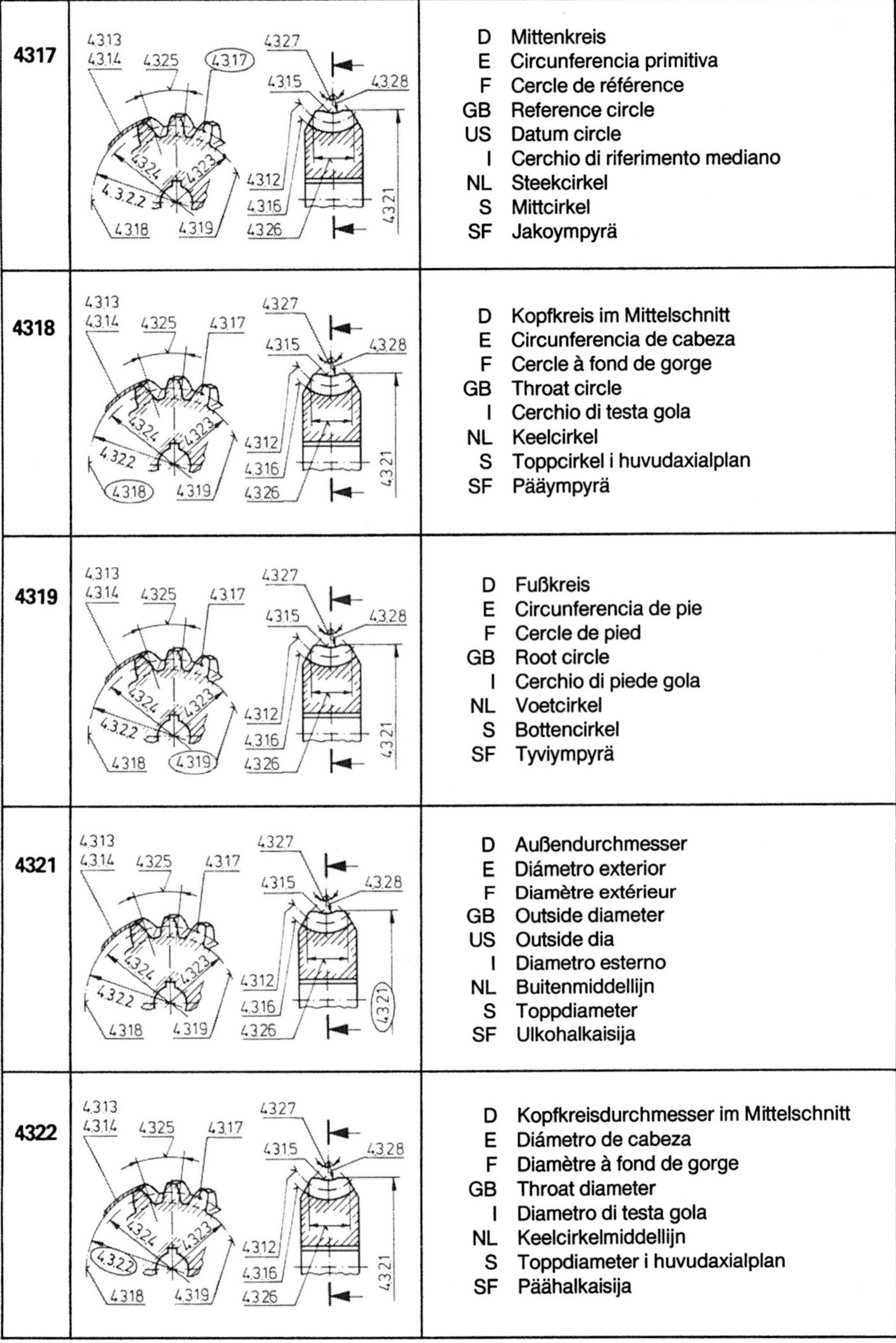

<table>
<tr><td>4317</td><td>

D Mittenkreis
E Circunferencia primitiva
F Cercle de référence
GB Reference circle
US Datum circle
I   Cerchio di riferimento mediano
NL Steekcirkel
S Mittcirkel
SF Jakoympyrä
</td></tr>
<tr><td>4318</td><td>

D Kopfkreis im Mittelschnitt
E Circunferencia de cabeza
F Cercle à fond de gorge
GB Throat circle
I   Cerchio di testa gola
NL Keelcirkel
S Toppcirkel i huvudaxialplan
SF Pääympyrä
</td></tr>
<tr><td>4319</td><td>

D Fußkreis
E Circunferencia de pie
F Cercle de pied
GB Root circle
I   Cerchio di piede gola
NL Voetcirkel
S Bottencirkel
SF Tyviympyrä
</td></tr>
<tr><td>4321</td><td>

D Außendurchmesser
E Diámetro exterior
F Diamètre extérieur
GB Outside diameter
US Outside dia
I   Diametro esterno
NL Buitenmiddellijn
S Toppdiameter
SF Ulkohalkaisija
</td></tr>
<tr><td>4322</td><td>

D Kopfkreisdurchmesser im Mittelschnitt
E Diámetro de cabeza
F Diamètre à fond de gorge
GB Throat diameter
I   Diametro di testa gola
NL Keelcirkelmiddellijn
S Toppdiameter i huvudaxialplan
SF Päähalkaisija
</td></tr>
</table>

4323	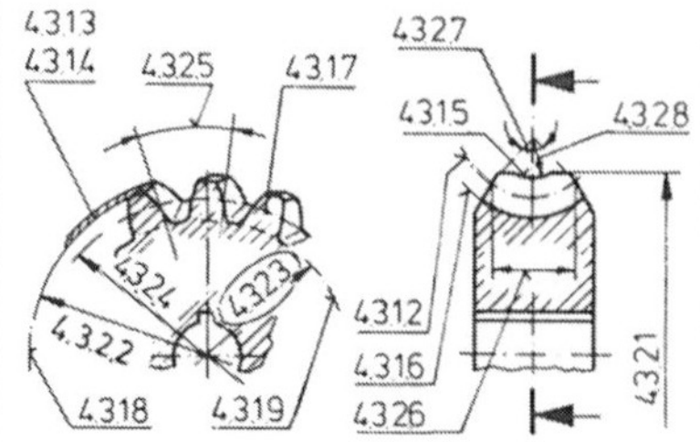	D Fußkreisdurchmesser E Diámetro de pie F Diamètre de pied GB Root diameter I Diametro di piede NL Voetcirkelmiddellijn S Bottendiameter SF Tyvihalkaisija
4324	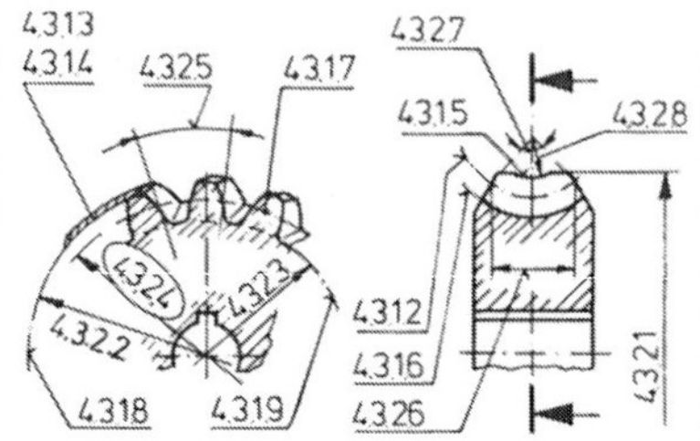	D Mittenkreisdurchmesser E Diámetro primitivo F Diamètre de référence GB Reference diameter US Datum dia I Diametro di riferimento NL Steekcirkelmiddelijn S Mittdiameter SF Jakohalkaisija
4325	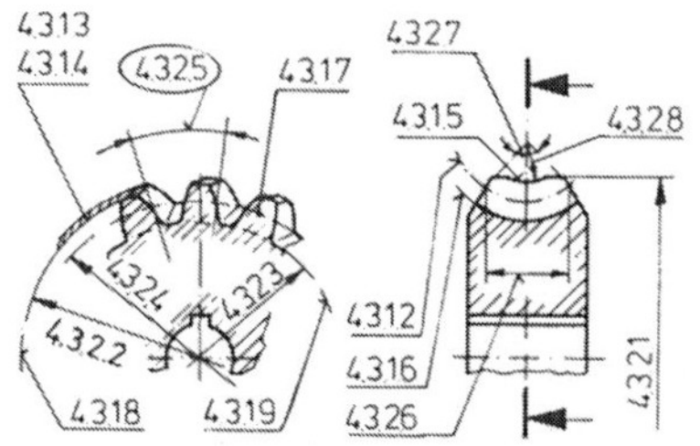	D Mittenkreisteilung E Paso axial F Pas de référence GB Reference pitch I Passo di riferimento NL Referentiespoed S Mittcirkeldelning SF Otsajako
4326	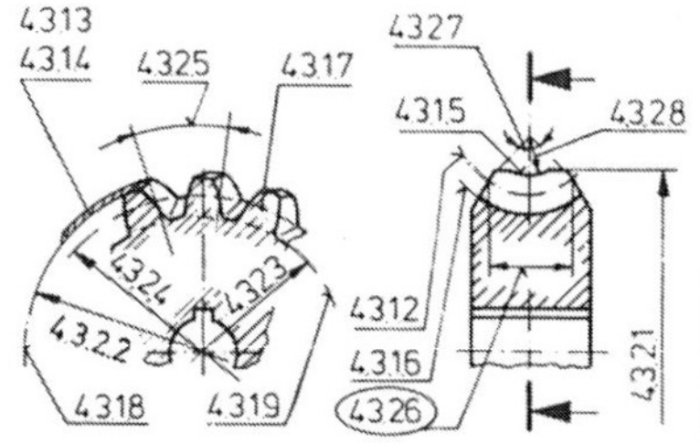	D Effektive Zahnbreite E Longitud efectiva del diente F Largeur effective de denture GB Effective facewidth I Larghezza effettiva del dente NL Effektieve tandbreedte S Kuggbredd SF Tehollinen hammasleveys
4326.1	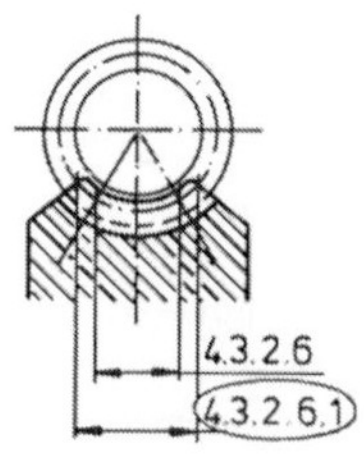	D Kranzbreite E Anchura de la rueda F Largeur de la roue GB Rim width I Larghezza della ruota NL Wormwielbreedte S Ringbredd SF Kehän leveys

4327		D	Effektiver Breitenwinkel
		E	Angulo efectivo de anchura
		F	Angle de largeur effective
		GB	Effective width angle
		I	Angolo di larghezza effettivo
		NL	Effektieve breedtehoek
		S	Effektiv breddvinkel
		SF	Leveyskulma
4327.1		D	Umfassungswinkel
		E	Angulo de anchura
		F	Angle de largeur
		GB	Rim width angle
		I	Angolo di larghezza complessivo
		NL	Breedtehoek
		S	Breddvinkel
		SF	Tehollinen leveyskulma
4328		D	Kopfkehlhalbmesser
		E	Radio de garganta
		F	Rayon de gorge
		GB	Throat radius
		I	Raggio di gola
		NL	Keelradius
		S	Radie för toppränna
		SF	Päägloboidisäde
4340		D	Zahnkopf- und Zahnfußhöhen
		E	Altura de cabeza
			Altura de pie
		F	Sallie, creux
		GB	Addendum, dedendum
		I	Addendum, dedendum
		NL	Kophoogte, voethoogte
		S	Kuggtoppstorheter, Kuggfotstorheter
		SF	Pääkorkeus, tyvikorkeus
4341		D	Zahnhöhe
		E	Altura de diente
		F	Hauteur de dent
		GB	Tooth depth
		I	Altezza del dente
		NL	Tandhoogte
		S	Kugghöjd
		SF	Hampaan korkeus

4342		D Kopfhöhe (bezogen auf den Mittenkreis)

4342	h_a	D Kopfhöhe (bezogen auf den Mittenkreis) E Altura de cabeza (referida a la circun- ferencia de functionamiento) F Saillie de référence GB Reference addendum US Addendum I Addendum di riferimento NL Referentiekophoogte S Topphöjd (ref till mittcirkel) SF Pääkorkeus jakoympyrään nähden
4344	h_f	D Fußhöhe (bezogen auf den Mittenkreis) E Altura de pie (referida a la circunferencia primitiva) F Creux de référence GB Reference dedendum US Dedendum I Dedendum di riferimento NL Referentievoethoogte S Fothöjd (ref till mittcirkel) SF Tyvikorkeus jakoympyrään nähden
4411	$i = \dfrac{n_1}{n_2}$	D Übersetzung E Relación de engranaje F Rapport de transmission GB Transmission ratio I Rapporto di trasmissione NL Overbrengverhouding S Utväxling SF Hammaslukusuhde
4412	h_w	D Gemeinsame Zahnhöhe E Altura útil F Hauteur utile GB Working depth I Altezza totale NL Nuttige hoogte S Gemensam kugghöjd SF Hampaan työkorkeus
4413		D Kopfspiel E Holgura de fondo de diente F Vide à fond de dent GB Bottom clearance US Clearance I Giuoco di testa NL Topspeling S Bottenspel SF Tyvivälys

4414		D Verdrehflankenspiel E Juego de circunferencia primitiva F Jeu primitif GB Circumferential backlash I Giuoco di funzionamento NL Omtreksflankspeling S Rotationsflankspel SF Kylkiyälys

R. Koller

Konstruktionsmethode für den Maschinen, Geräte- und Apparatebau

Hochschultext
Berichtigter Nachdruck. 1979. 86 Abbildungen, 7 Tabellen, 2 Prinzipkataloge.
VII, 191 Seiten
DM 48,–. ISBN 3-540-07444-9

Inhaltsübersicht: Einführung. – Ableitung der Arbeitsschritte des Konstruktionsprozesses: Die Funktionssynthese. Der qualitative Konstruktionsprozeß (Konzeptphase). Selektion von Lösungen. Beispiele. – Anhang: Tabelle 1–7. Prinzipkatalog 1 und 2. – Literatur zum Anhang. – Sachverzeichnis.

G. Pahl, W. Beitz

Konstruktionslehre

Handbuch für Studium und Praxis
1976. 336 Abbildungen. XI, 465 Seiten
Gebunden DM 98,–. ISBN 3-540-07879-7

Das Buch vermittelt eine moderne Strategie des Konstruierens im Maschinen-, Apparate- und Gerätebau. Die Kenntnisse der Maschinenelemente voraussetzend, stellt es – unabhängig von einem bestimmten Fachgebiet – das methodische Vorgehen und die Hilfsmittel zur Konstruktion technischer Systeme dar. Die Gliederung entspricht dem Fortschreiten der Konstruktionsarbeit: Produkt planen, Klären der Aufgabenstellung, Konzipieren, Entwerfen (die bedeutsamste Phase und der Schwerpunkt der Konstruktionstätigkeit), Ausarbeiten der Fertigungsunterlagen. Zusätzlich wird das der Rationalisierung dienende Entwickeln von Baureihen und Baukästen und schließlich der Rechnereinsatz in der Konstruktion behandelt. Die dargestellte Konstruktionslehre spricht gleichermaßen den in der Praxis tätigen Konstrukteur und den Studierenden an. Besonderer Wert ist auf eine für den Praktiker verständliche Sprache gelegt.

Springer-Verlag
Berlin
Heidelberg
New York

W. G. Rodenacker

Methodisches Konstruieren

2., völlig neubearbeitete Auflage. 1976.
230 Abbildungen. XII, 324 Seiten
(Konstruktionsbücher, Band 27)
DM 98,–. ISBN 3-540-07513-5

Das Fach „Methodisches Konstruieren" ist an den meisten Universitäten, Gesamthochschulen und Fachhochschulen eingeführt worden. Deshalb wurde das Buch für die Lehre, das Selbststudium und den praktischen Gebrauch didaktisch vollständig neu bearbeitet. Dazu dienen die Angabe der jeweiligen Zielvorstellung, konkrete Leitbeispiele und die Darstellung der festzulegenden Merkmale der Konstruktion sowie der Mittel zu ihrer Festlegung. Für den praktischen Gebrauch wurden diese Merkmale zu Checklisten zusammengefaßt. Aufgaben mit Lösungen ermöglichen ein Selbststudium.
Von der bisherigen Konstruktionspraxis, die sich der Analyse bekannter Maschinenelemente und hochentwickelter Maschinen bedient, unterscheidet sich die dargestellte neue Methode grundlegend: Sie geht von den Forderungen aus, die sich aus einer gestellten technischen Aufgabe ergeben, und gestattet, die Struktur und Konstruktion der vorher unbekannten Maschine festzulegen. Diese synthetisierende Methode hat ihre praktische Brauchbarkeit und ihren hohen Reifegrad an zahlreichen Industriearbeiten bewiesen.

K. Roth

Konstruieren mit Konstruktionskatalogen

Systematisierung und zweckmäßige Aufbereitung technischer Sachverhalte für das methodische Konstruieren
1982. 276 Abbildungen in etwa 3000 Einzeldarstellungen, 38 Konstruktionskataloge, 476 Definitionen von Fachbegriffen.
XVI, 475 Seiten
Gebunden DM 198,–. ISBN 3-540-09815-1

Inhaltsübersicht: Einleitung. – Allgemeine Grundlagen der Konstruktionslehre. – Konstruktionskataloge und ihre Handhabung. – Sammlung von Konstruktionskatalogen. – Modelle und Hilfsmittel für das Vorgehen in den einzelnen Konstruktionsphasen. – Neue Modelle zur rechnerunterstützten und zur methodischen Vorgehensweise. – Übersicht und Begriffe. – Sachverzeichnis.

Konstruktion

Zeitschrift für Konstruktion und Entwicklung im Maschinen-, Apparate- und Gerätebau
Organ der VDI-Gesellschaft
Konstruktion und Entwicklung (VDI-GKE)

ISSN 0023-3625   Titel Nr. 110

Herausgeber: W. Beitz

Schriftleitung: B. Küffer

Beirat: K. Federn, F. Jarchow, G. Kiper, K.-H. Kloos, G. Pahl, H. Peeken, H.-J. Thomas, E. Ziebart

Konstruktion, das Organ der VDI-Gesellschaft Konstruktion und Entwicklung, spricht Konstruktionsleiter, Konstrukteure, Versuchs- und Entwicklungsingenieure im Maschinen-, Apparate- und Gerätebau sowie Ingenieure in Lehre und Forschung an.
In dieser Zeitschrift wird über alle Tätigkeiten und Probleme zwischen Produktidee und Ausarbeiten der Fertigungsunterlagen berichtet. Dazu gehören die Produktplanung, die Produktentwicklung einschließlich der erforderlichen Grundlagenentwicklung und Laborversuche, die funktions- und fertigungsgerechte Konstruktion einschließlich der Ausarbeitung der Fertigungsunterlagen sowie die indirekten Konstruktionstätigkeiten wie Normung, Informationsbeschaffung und Dokumentation.
Forschungsergebnisse und Erfahrungsberichte aus der Konstruktionspraxis, besonders auf den Gebieten Konstruktionselemente, Schwingungstechnik, Festigkeit und Werkstoffauswahl, Getriebe- und Antriebstechnik, Konstruktionsmethodik und rechnerunterstützte Konstruktion sowie Meßtechnik, Hydraulik und Pneumatik, werden dem Leser mit dem Ziel vermittelt, ihn bei der Lösung seiner Aufgaben anwendungsorientiert zu unterstützen. Darüberhinaus bietet die **Konstruktion** die Möglichkeit für eine kontinuierliche Weiterbildung. Produktberichte zu den wichtigen Maschinenelementen sollen dem Leser darüberhinaus einen Überblick über die am Markt angebotene Lösungsvielfalt geben.

Informationen über Bezugsbedingungen sowie Probehefte erhalten Sie bei Ihrem Buchhändler oder direkt bei: Springer-Verlag, Wissenschaftliche Information Zeitschriften, Postfach 105280, D-6900 Heidelberg 1

Springer-Verlag
Berlin
Heidelberg
New York